无人机航拍高手 5项核心修炼

飞行实战+运镜技巧+长焦玩法+延时摄影+后期美化

龙飞◎编著

化学工业出版社

·北京·

内容简介

本书是一本讲解大疆无人机航拍技巧的实用教程，也是一本紧扣CAAC、AOPA、UTC、ASFC无人机考证内容的摄影与摄像教程，并随书赠送了120多个教学视频、100多个素材效果文件。书中以大疆Mavic 3 Pro无人机为例，分5条线对使用无人机进行航拍进行了全面、细致的讲解。

【飞行线】：介绍了无人机的配件、DJI Fly App和飞行动作技巧，帮助大家认识和飞行无人机；还介绍了谨防炸机的知识，保证安全飞行。

【运镜线】：介绍了基础运镜、智能运镜和组合镜头，由易到难，让飞友掌握使用无人机航拍视频的运镜拍摄技巧。

【长焦线】：介绍了大疆Mavic 3 Pro无人机的长焦模式和玩法，如拍摄希区柯克和旱地拔葱镜头，帮助飞友掌握更多、更全的航拍玩法。

【延时线】：介绍了无人机的延时拍摄要点和4个延时视频的拍摄方法，让大家学会拍摄极具美感的航拍视频。

【后期线】：介绍了航拍照片和视频的后期处理技巧，如怎么在醒图App中快速美化出片、在剪映App中运用AI剪辑视频，以及处理单个与多个航拍视频等内容。

本书适合使用大疆御系列无人机的飞友，特别是想学习飞行、运镜、长焦、延时摄影与后期美化的摄友，还可作为相关院校的学习教材。

图书在版编目(CIP)数据

无人机航拍高手5项核心修炼 ：飞行实战+运镜技巧+长焦玩法+延时摄影+后期美化 / 龙飞编著. -- 北京 ：化学工业出版社, 2025. 1. -- ISBN 978-7-122-46822-2

Ⅰ. TB869

中国国家版本馆CIP数据核字第2024Y85G51号

责任编辑：吴思璇　李　辰　　封面设计：异一设计
责任校对：宋　夏　　装帧设计：盟诺文化

出版发行：化学工业出版社（北京市东城区青年湖南街13号　邮政编码100011）
印　　装：北京宝隆世纪印刷有限公司
710mm×1000mm　1/16　印张13　字数256千字　2026年1月北京第1版第1次印刷

购书咨询：010-64518888　　售后服务：010-64518899
网　　址：http://www.cip.com.cn
凡购买本书，如有缺损质量问题，本社销售中心负责调换。

定　　价：88.00元

前　言

◎ 系列图书

随着无人机技术的发展，航拍也有越来越多的玩法。尤其是在大疆更新了具有3个摄影头的大疆Mavic 3 Pro之后，越来越多的航拍摄影师转战长焦镜头，让航拍摄影有了进一步的创新，也带来了更多的新奇体验。

本书为了兼顾最新的长焦航拍和专题航拍，让初学者和老手们都有学习的空间，这次一共为大家策划了两本教程，算是小的系列图书。

第一本：《无人机航拍高手5项核心修炼：飞行实战+运镜技巧+长焦玩法+延时摄影+后期美化》

第二本：《无人机航拍热门5大题材实战：自驾拍车+人像技巧+夜景烟花+建筑景点+日出晚霞》

对新手而言，需要先从认识无人机开始，再学会飞行无人机，接着掌握相应的构图取景技巧，这样才能进一步学习，逐渐掌握运镜拍摄、长焦玩法、延时摄影和后期处理技巧。总之，学习航拍，需要循序渐进、系统地学习，这样才能在稳固基础的同时，进一步掌握有难度的航拍技巧。

《无人机航拍高手5项核心修炼：飞行实战+运镜技巧+长焦玩法+延时摄影+后期美化》是一本讲解大疆无人机航拍技巧的实用教程，也是一本紧扣CAAC（Civil Aviation Administration of China，中国民用航空局）与AOPA（Aircraft Owners and Pilots Association，航空器拥有者及驾驶员协会）无人机考证内容的摄影与摄像教程，帮助用户学会无人机飞行和航拍技巧！

对于有一定航拍经验和技术的读者，可以从热门领域开始学习，掌握不同地点、不同时间的航拍技巧。对于一些想要提升航拍技术和转战商业航拍的读者，可以学习热门题材实战航拍。

《无人机航拍热门5大题材实战：自驾拍车+人像技巧+夜景烟花+建筑景点+

日出晚霞》从自驾拍车、人像技巧、夜景烟花、建筑景点、日出晚霞等角度，从照片和视频维度，帮助读者轻松学会航拍技巧，提升航拍水平！

◎ 本书特色

本系列图书主要有以下3个特色。

一、实地取景，实战拍摄

为了让大家学好无人机的操作，笔者特意根据每个知识点，实地取景，或公园、或桥梁、或建筑，进行实战拍摄，因为这些景就在我们身边，这样大家就有身临其境感，自己可以边学边实战拍摄。

二、边拍边录，视频教学

最宝贵的是，笔者在飞行实拍时，还开启了遥控器的录屏模式，对遥控器的实际操作与飞行画面进行了视频录屏，最后还将录屏视频的二维码放在书中标题旁边，大家可以扫码观看，仿佛自己在拍一样。

三、赠送素材，效果文件

为了提升阅读体验，保证学习的高效，笔者将书中案例的素材与效果文件一并提供给了大家，这样大家既可以深入观摩效果，也可以调用素材，直接进行后期处理，效率更高。

◎ 资源获取

如果读者需要获取书中案例的素材、效果等资源，请使用微信/QQ“扫一扫”功能按需扫描下列对应的二维码即可。

素材和效果（样例）　　视频教学（样例）

◎ 版本说明

在编写本书时，是基于当前软件版本截的实际操作图片（醒图App版本为9.7.1、剪映App版本为13.8.0），但书从编辑到出版需要一段时间，在这段时间里，软件界面与功能会有调整与变化，比如有的内容删除了，有的内容增加了，这是软件开发商做的更新，很正常，请在阅读时，根据书中的思路，举一反三，进行学习即可，不必拘泥于细微的变化。

◎ 作者售后

本书由龙飞编著，参与编写的人员还有邓陆英等人。

由于编写人员知识水平有限，书中难免存在疏漏之处，恳请广大读者批评、指正，联系微信：2633228153。

目 录

第1章 航拍入门：认识无人机与谨防炸机

第2章 航拍构图：掌握短视频摄影的奥秘

第3章 飞行动作：考证必学的打杆操作

第4章 基础运镜：手动操作航拍视频

第5章 智能运镜：无人机自动拍视频

第6章 组合镜头：展现创意让故事更精彩

第7章　长焦航拍：快速缩短拍摄距离

第8章　长焦玩法：画面极具视觉冲击力

第9章　延时摄影：渲染情感赋予画面生命力

第10章　图片美化：提升照片的视觉效果和吸引力

第11章　视频剪辑：对视频进行加工制作成片

第1章

航拍入门：认识无人机与谨防炸机

本书以大疆Mavic 3 Pro为例，向大家介绍无人机航拍技巧。大疆Mavic 3 Pro配备了3个摄像头，支持全焦段光学变焦，影像功能非常强大。在学习航拍之前，大家需要熟悉无人机，并学会一些无人机的安全飞行知识，谨防炸机。因为飞行在一定程度上存在着风险，虽然大疆Mavic 3 Pro无人机有全向避障功能，但是操作不当的话，还是可能会炸机。本章将为大家介绍相应的无人机知识。

1.1 认识无人机及配件

认识无人机和各种配件，能让我们顺利地使用无人机，保证无人机的飞行安全。对于这部分知识，大家可以先有一个大致的了解，然后在实践中掌握相应的功能。本节将为大家介绍无人机及配件的知识。

1.1.1 认识飞行器

扫码看教学视频

大疆Mavic 3 Pro是一款先进的无人机，标志着航拍进入了多焦段时代。这款无人机配备了哈苏相机和两个长焦相机，能够提供广角、中长焦和长焦3种焦段的拍摄选择，极大地丰富了艺术创作手段，提升了航拍的叙事感。

大疆Mavic 3 Pro配备了4/3 CMOS哈苏相机和两个长焦相机，如图1-1所示。哈苏相机支持拍摄11-bit RAW格式的照片，原生动态范围高达12.8级，可拍摄高达5.1K/50fps的视频。长焦相机包括70mm和166mm两个焦段，支持拍摄4K/60fps视频，以及最高可达4800万像素的照片。

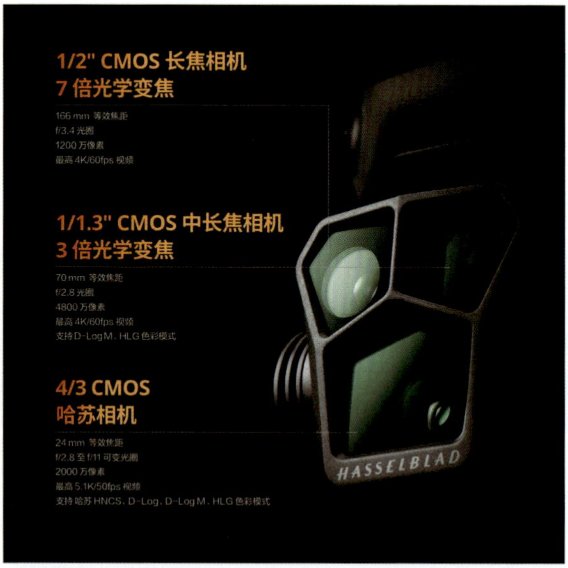

图 1-1 大疆 Mavic 3 Pro 配备了 4/3 CMOS 哈苏相机和两个长焦相机

大疆Mavic 3 Pro飞行器外面有一个黑色的保护罩，取下保护罩之后，就可以展开它的4个机臂，再开启电源并起飞无人机。下面带大家认识展开机臂之后的飞行器，如图1-2所示。

图 1-2　展开机臂之后的飞行器

❶ 一体式云台相机：左上是长焦相机；右上是中长焦相机；下方是哈苏相机。

❷ 水平全向视觉系统。

❸ 补光灯。

❹ 下视视觉系统。

❺ 红外传感系统。

❻ 机头指示灯。

❼ 电机。

❽ 螺旋桨。

❾ 飞行器状态指示灯。

❿ 脚架（内含天线）。

⓫ 上视视觉系统。

⓬ 智能飞行电池。

⓭ 电池电量指示灯。

⓮ 电池开关：短按一次，再长按 2 秒就可开机。

⓯ 电池卡扣：按住卡扣可把电池从飞行器中取出来。

⓰ 内含充电 / 调参接口（USB-C）和 Micro SD 卡槽。

1.1.2 认识遥控器

扫码看教学视频

大疆Mavic 3 Pro系列无人机可使用DJI RC-N1遥控器、DJI RC带屏遥控器和DJI RC Pro带屏遥控器。DJI RC-N1遥控器需要连接手机，另外两款遥控器则不需要连接手机。

下面以DJI RC遥控器为例，详细介绍上面的各功能按钮，帮助大家掌握遥控器上各功能的作用和使用方法，如图1-3所示。

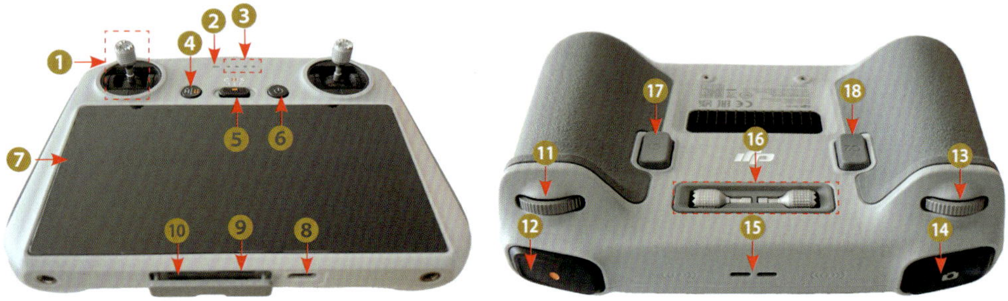

图 1-3　DJI RC 遥控器

❶ 摇杆：摇杆可拆卸，用于控制无人机飞行，在 DJI Fly App 中可设置摇杆的操控方式。

❷ 状态指示灯：显示遥控器的系统状态。

❸ 电量指示灯：显示遥控器当前的电池电量。

❹ 急停 / 智能返航按钮：短按使飞行器紧急刹车并原地悬停，要在全球导航卫星系统（Global Navigation Satellite System，GNSS）或视觉系统生效时操作。长按可启动智能返航，再短按一次则取消智能返航。

❺ 飞行挡位切换开关：用于切换飞行挡位，分别为平稳挡、普通挡和运动挡。

❻ 电源按钮：短按一次，再长按两秒则可开启 / 关闭遥控器电源。短按可查看遥控器的电量。当遥控器开启时，短按可切换息屏和亮屏状态。

❼ 触摸显示屏：可点击屏幕进行操作，使用时请注意为屏幕防水（下雨天避免雨水打湿屏幕），防止屏幕因进水而损坏。

❽ 充电 / 调参接口（USB-C）：用于为遥控器充电或将遥控器与计算机连接。

❾ 存储卡（Secure Digital Memory Card，Micro SD）卡槽：可插入 Micro SD 卡。

❿ Host 接口（USB-C）：预留接口。

⓫ 云台俯仰控制拨轮：拨动它可调节云台的俯仰角度。

⓬ 录像按钮：开始或停止录像。

⓭ 相机控制拨轮：默认控制相机平滑变焦，可在DJI Fly App 的相机界面中，通过选择“系统设置→操控→遥控器自定义按钮”，设置为其他功能。

⓮ 对焦 / 拍照按钮：半按可进行自动对焦，全按可拍摄照片，短按可以返回拍照模式（仅适用于录像模式）。

⓯ 扬声器：用来输出声音。

⓰ 摇杆收纳槽：用于放置摇杆。

⓱ 自定义功能按钮 C1：默认为“云台回中 / 朝下切换”功能，可在 DJI Fly App 的相机界面中，通过选择“系统设置→操控→遥控器自定义按钮”，设置为其他功能。

⓲ 自定义功能按钮 C2：默认为补光灯，可在 DJI Fly App 的相机界面中，通过选择“系统设置→操控→遥控器自定义按钮”，设置为其他功能。

1.1.3　认识云台相机

扫码看教学视频

近年来，随着无人机的不断更新和进步，无人机中的三轴稳定云台为相机提供了稳定的平台，使无人机在天空中高速飞行的时候，也能拍摄出清晰的照片和视频。

大疆Mavic 3 Pro相机云台可控范围为俯仰-90°至35°、平移-5°至5°。

在无人机飞行的过程中，用户有两种方法可以调整云台的角度，一种是通过遥控器上的云台俯仰控制拨轮，调整云台的拍摄角度；另一种是在DJI Fly App的相机界面中，长按图传屏幕直至出现云台角度控制条，通过上下或左右拖曳的方式，调整云台的俯仰、平移角度。

根据拍摄需求，云台可在跟随模式和第一人称主视角（First Person View，FPV）模式下工作，以拍摄出用户需要的照片或视频画面。图1-4所示为大疆Mavic 3 Pro的云台相机。

图 1-4　大疆 Mavic 3 Pro 的云台相机

※ 温馨提示

云台是非常脆弱的设备，在操控云台的过程中，需要注意在开启无人机的电源后，请勿再碰撞云台，以免云台受损，导致云台性能下降。另外，在沙漠地区使用无人机时，注意不能让云台接触沙石，如果云台进沙子了，那么会造成云台活动受阻，同样会影响云台的性能。

1.1.4　学会操控摇杆

扫码看教学视频

遥控器上摇杆的操控方式有3种，分别是“美国手”“日本手”“中国手”。遥控器出厂的时候，默认的操控方式是“美国手”。

什么是“美国手”呢？初次接触无人机的用户可能听不懂这个词，“美国手”就是左摇杆控制飞行器的上升、下降、左转和右转，右摇杆控制飞行器的前进、后退、左移和右移，如图1-5所示。

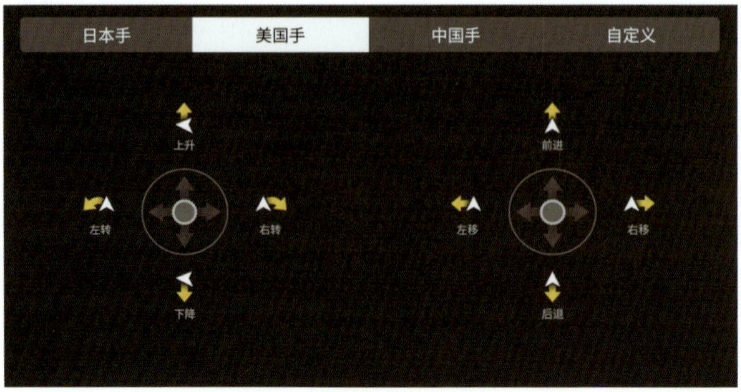

图 1-5　“美国手”的操控方式

“日本手”就是左摇杆控制飞行器的前进、后退、左转和右转，右摇杆控制飞行器的上升、下降、左移和右移，如图1-6所示。

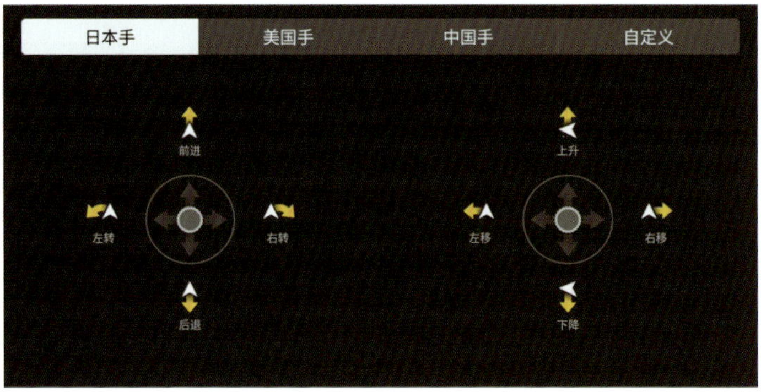

图 1-6　“日本手”的操控方式

“中国手”就是左摇杆控制飞行器的前进、后退、左移和右移，右摇杆控制飞行器的上升、下降、左转和右转，如图1-7所示。

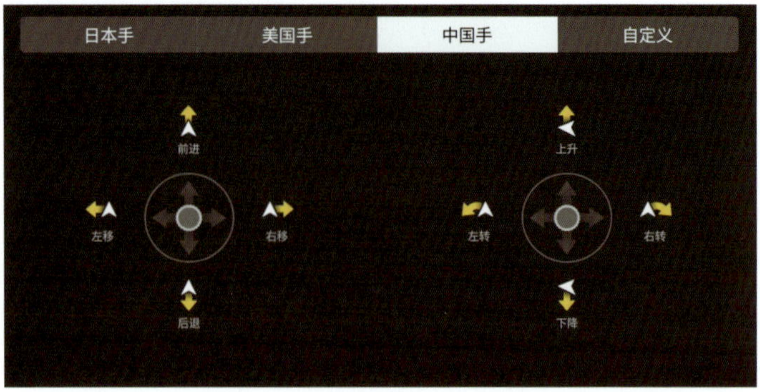

图 1-7　“中国手”的操控方式

在使用遥控器的过程中，大多数飞手都选择“美国手”。如果你的无人机没有设置为“美国手”，那么在外借给他人的时候，一定要提前做好沟通，并更改摇杆的操控方式。例如，假设用户设置的是“日本手”，常规的向上推动左摇杆，就不会使无人机上升了，而是使无人机前进飞行，如果前方有障碍物或者路人的话，就会很容易造成无人机炸机或者出现伤人事件。

大家最好不要轻易更改摇杆的操控方式，最好一种用到底，混用容易出现操作事故。

本书以“美国手”为例，介绍遥控器摇杆的具体操控方式，这是学习无人机飞行的基础和重点，希望用户可以熟练掌握。

下面介绍左摇杆的具体操控方式。

- 将左摇杆向上推，表示飞行器上升。
- 将左摇杆向下推，表示飞行器下降。
- 将左摇杆向左推，表示飞行器向左逆时针旋转。
- 将左摇杆向右推，表示飞行器向右顺时针旋转。
- 当左摇杆位于中间位置时，飞行器的高度、旋转角度均保持不变。

当飞行器起飞时，应该将左摇杆轻轻地往上推，让飞行器缓慢上升，慢慢离开地面，这样飞行才安全。如果用户猛地一下将左摇杆往上推，那么飞行器会急速上冲，油门过量，一不小心会引起炸机。

下面介绍右摇杆的具体操控方式。

- 将右摇杆向上推杆，表示飞行器向前飞行。
- 将右摇杆向下推杆，表示飞行器向后飞行。
- 将右摇杆向左推杆，表示飞行器向左飞行。
- 将右摇杆向右推杆，表示飞行器向右飞行。
- 在推杆的过程中，推杆的幅度越大，飞行的速度越快。

摇杆还有一个特别实用的功能，就是当飞行器发生故障时，左右双摇杆同时向下内掰或者外掰，可以使飞行器迅速在空中停桨，如图1-8所示，但是在飞行时需要谨慎使用该操作。

※ 温馨提示

在操控摇杆的过程中，应该养成慢慢推杆的操控习惯。可以把摇杆看成汽车上的油门，需要轻轻地踩它，汽车行驶才安全，如果油门太快，前面又有障碍物的话，就会容易发生撞车事故。

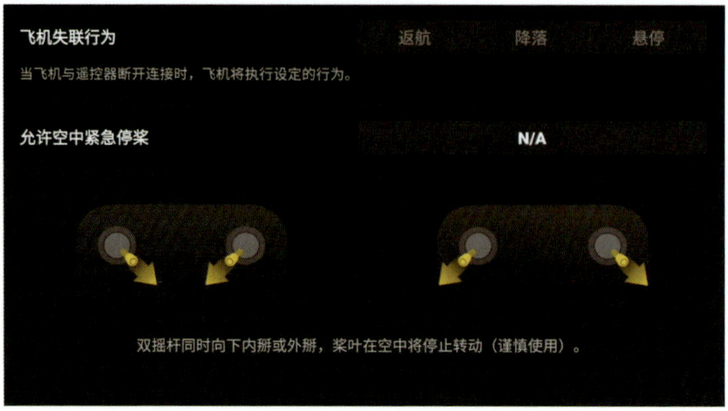

图 1-8　左右双摇杆同时向下内掰或者外掰

1.1.5　掌握螺旋桨的安装及拆卸技巧

扫码看教学视频

无人机的螺旋桨是保证其飞行能力的关键组成部分。它们通常由电机驱动，为无人机提供推力和动力。

大疆Mavic 3 Pro无人机使用降噪快拆螺旋桨，桨帽分为两种，一种是带灰色圆圈标记的螺旋桨，另一种是不带灰色圆圈标记的螺旋桨，如图1-9所示。

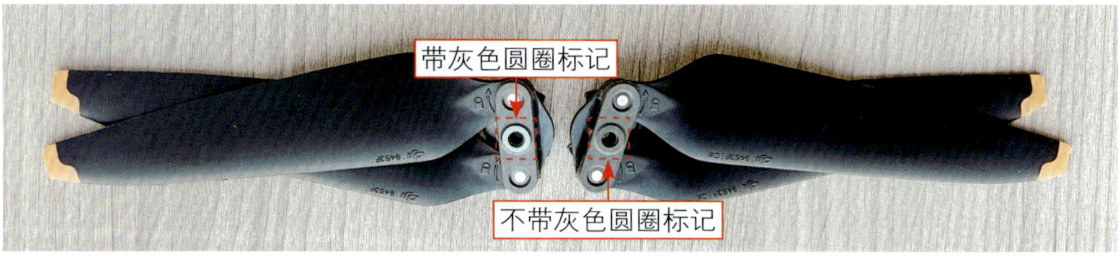

图 1-9　带灰色圆圈和不带灰色圆圈标记的螺旋桨

1. 安装方法

将带灰色圆圈标记的螺旋桨安装至带灰色标记的电机桨座上，如图1-10所示；将不带灰色圆圈标记的螺旋桨安装至不带灰色标记的电机桨座上，如图1-11所示。

图 1-10　带灰色标记的电机桨座

图 1-11　不带灰色标记的电机桨座

将桨帽对准电机桨座的孔，如图1-12所示，嵌入电机桨座并按压到底，再沿边缘顺时针旋转螺旋桨到底，松手后螺旋桨将弹起锁紧，如图1-13所示。注意：一定要检查螺旋桨有没有锁紧。

由于螺旋桨在飞行过程中可能会受到损坏或磨损，因此定期检查和更换螺旋桨是维护无人机的一个重要方面。

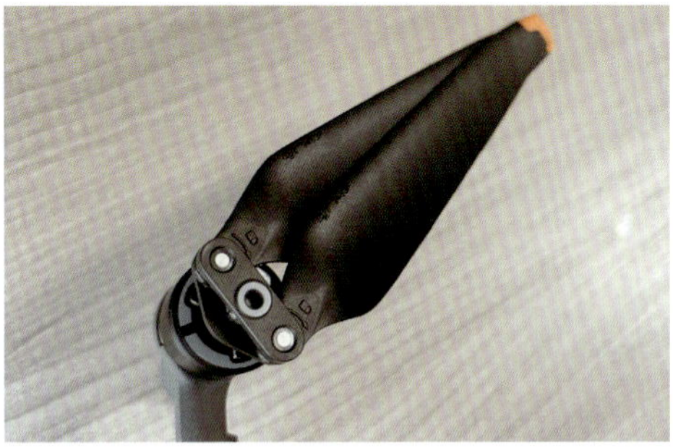

图 1-12　将桨帽对准电机桨座上的孔

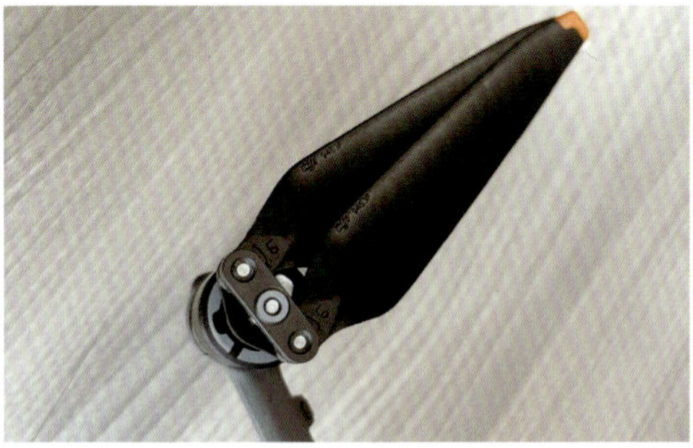

图 1-13　螺旋桨将弹起锁紧

2. 拆卸方法

当不需要再飞行无人机时，就可以将无人机收起来，在折叠收起的过程中，需要将螺旋桨也收起来，这样可以防止螺旋桨伤到人或使自己受伤。拆卸螺旋桨的方法很简单，只需要用力按压桨帽到底，然后沿螺旋桨所示锁紧方向反向旋转螺旋桨，就可以拧出和拆卸下来。

1.1.6　认识无人机的电池

扫码看教学视频

电池是专门为无人机供电的。DJI Mavic 3智能飞行电池是一款带有充放电管理功能的电池，电池容量为5000mAh，额定电压为15.4V，这款电池采用高能电芯，并使用先进的电池管理系统。在购买无人机的时候，无人机本身会自带一块电池，如果用户升级了购买套餐，那么就会多两块电池，用户在飞行无人机的时候可以交替使用电池。图1-14所示为大疆Mavic 3 Pro的智能飞行电池。

在飞行时，一块电池只能用30多分钟左右，那么如何正确使用电池，从而延长电池的寿命呢？这一点非常重要。下面讲解几条使用和保管电池的要点。

（1）在室外飞行无人机的过程中，不能将电池长时间置于太阳下，特别是炎热的夏天，室外的温度比较高，对电池不太好，因为电池能承受的最高温度是40℃。

图 1-14　大疆 Mavic 3 Pro 的智能飞行电池

（2）无人机中的电池使用完后，不要急于给电池充电，因为刚使用完的电池还处于发热状态，要等电池完全冷却后，再给电池充电，这样可以延长电池的使用寿命。如果对一块发热的电池反复充电、使用，电池很快就会报废，这一点要注意。

（3）电池需要放在阴凉通风的地方保存，如果用户有很长一段时间不需要再使用无人机，此时电池中要留一些余电，不要把电全部放干净，也不能将电池充满电进行保存，这两种方式都是不对的。

（4）在冬天温度较低的时候，电池也会慢慢放电。因此，用户需要重新把电池充满电，再飞行无人机。

（5）如果要带着无人机出远门，也不要把电池充满电，而且还要给电池装上保护套，以保护电池的安全。如果要上飞机，一定要记得将电池放入随身携带的背包中，而不能放入托运的行李中，航空公司是禁止托运锂电池的。用户在过安检的时候，要把电池单独放入一个篮子中接受检查，便于航空工作人员排除安全风险。

（6）电池的最佳充电温度范围为25（±3）℃，在此温度范围内充电可延长电池的使用寿命。对于不经常使用的无人机，建议用户每隔3个月左右重新充电一次，以保持电池的活性。在DJI Fly App的相机界面中，通过选择“系统设置→操控→电池信息”选项可以查看电池的电芯状态、电池序列号和电池循环次数等信息，如图1-15所示。

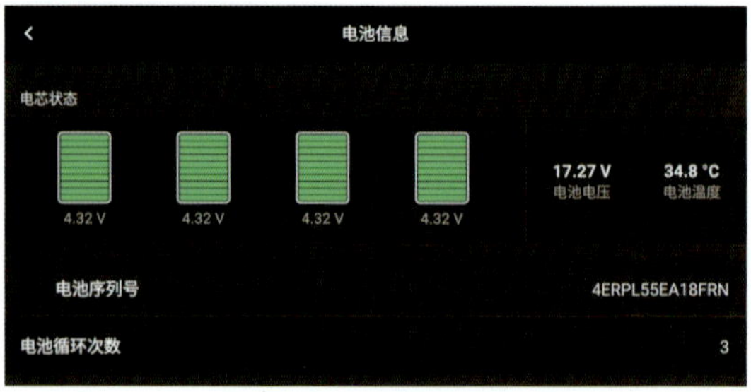

图 1-15　查看电池信息

1.1.7 检查电量并正确充电

扫码看教学视频

在关闭智能飞行电池的状态下，短按电池开关一次，可查看当前的电量，如图1-16所示。电池一共有4格电，全部灯亮则代表满电，亮几格灯代表剩余多少电量。

图 1-16 查看电池电量

为智能飞行电池充电的方式主要有两种。一种是用100W的桌面充电器或者65W的便携充电器充电，如图1-17所示。这种充电方式的好处是方便，不用拔出飞行器中的电池，但充电的速度可能会慢一些，也只能为单个电池充电，不能一次性充满几块电池的电量。

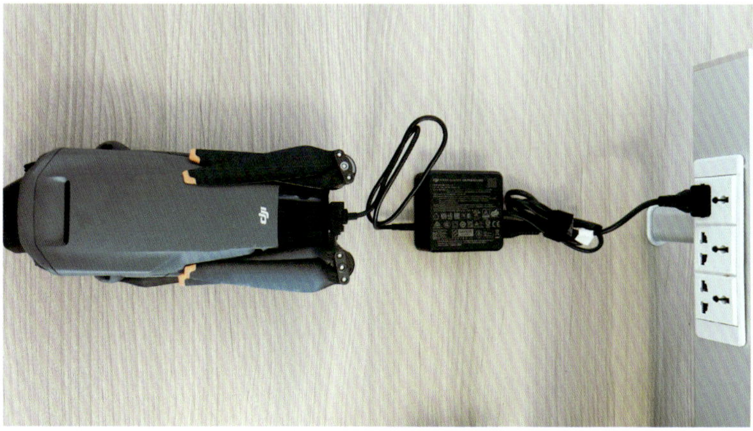

图 1-17 用充电器充电

另一种充电方式是搭配100W充电管家与100W的桌面充电器充电，如图1-18

所示。充电管家会根据电池的电量由高到低依次为电池充电，这种充电方式的优点是一次性就能充满3块电池，缺点则是需要烦琐地拔出和安装电池。电池亮绿色指示灯的时候，代表无人机正常充电；充满电则不亮灯；黄灯闪烁代表电池温度不对；红灯则代表充电异常。

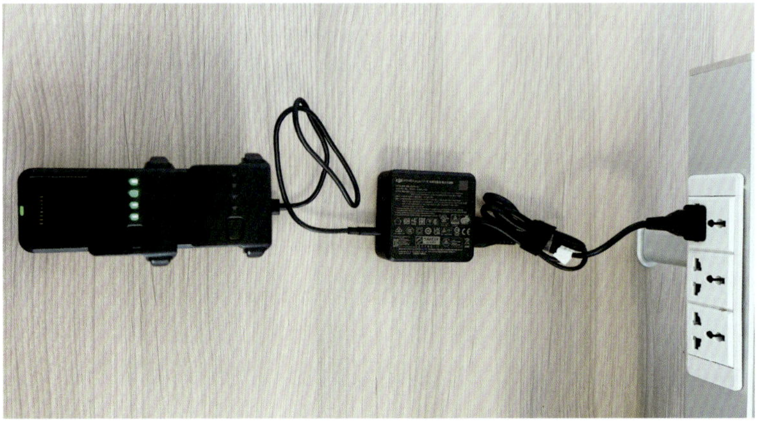

图 1-18　用充电管家充电

用充电器充电的时候，需要关闭电池的电源再充电，尽量不要在电池发热的时候充电。当电量指示灯全部熄灭的时候，表示电池已充满电了，需要及时把电池与充电器断开。充满单块电池的时间大约为1小时10分钟。

在为电池充电的时候，一定要选择通风条件好的地方。如果室内温度低于5℃，就会出现给电池充不进电的情况。同时，在充电的过程中，要防止小孩拿着电池玩耍，这样会影响电池的寿命，尽可能将电池放在小孩碰不着的地方。

1.2　熟悉 DJI Fly App

启动DJI Fly App之后，进入DJI Fly App的主页，熟悉App各个主页和界面上的功能，这对飞行和后期处理都非常有帮助。本节将带领大家熟悉DJI Fly App。

1.2.1　认识主页

扫码看教学视频

主页是一启动DJI Fly App就可以见到的画面，了解和认识DJI Fly App主页上的按钮和功能，可以更好地使用这款软件，下面带大家一起认识主页，如图1-19所示。

图 1-19　DJI Fly App 主页

❶ 飞行安全地图：点击该模块，可查看或分享附近合适的飞行或拍摄地点，了解限飞区域的相关信息，以及预览不同地点的航拍图集等。飞行前，可以在该模块查询不同机型、不同城市的飞行前安全准备步骤。

❷ 大疆学堂：点击该按钮，进入大疆学堂，可选择产品类型，查看相应产品的功能教程、玩法攻略、飞行安全和说明书。

❸ 相册：点击该按钮，可以访问飞行器相册及本地相册。

❹ 天空之城：点击该按钮，可以观看天空之城精彩视频及图片。

❺ 我的：点击该按钮，可查看账户信息及飞行记录；访问 DJI 论坛、DJI 商城；使用找飞机功能；下载离线地图；其他设置如固件更新、飞行界面、清除缓存、隐私和语言等。

❻ 连接引导：点击该按钮，可以连接飞行器；如果已经连接飞行器，点击该按钮，可以进入相机界面。

❼ 手机快传：该功能支持将素材从 DJI RC 遥控器中保存到手机、平板等移动设备中。

❽ 服务与支持：是售后服务、热线服务、在线进度查询和常见问题查询入口。

❾ 搜索栏：支持在 DJI Fly 中快速搜索产品的使用问题，如产品使用和教学课程的问题。

1.2.2　认识快捷面板

在DJI RC遥控器中启动DJI Fly App，进入主页并从屏幕顶部边缘连续向下滑，就可以进入快捷面板，如图1-20所示。

扫码看教学视频

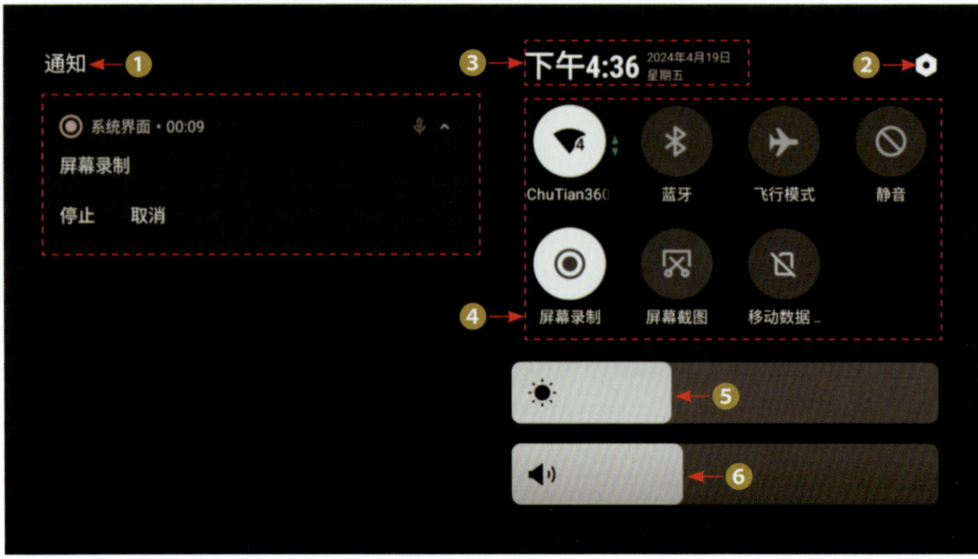

图 1-20　快捷面板

❶ 通知：下方显示了系统通知。如果通知太多，点击按钮可清除通知。

❷ 系统设置：点击按钮可显示系统“设置”菜单，可进行网络、蓝牙、声音等系统设置，并且可以查看功能指南，快速了解遥控器按键及指示灯信息。

❸ 时间日期：查看时间和日期。

❹ 快捷方式栏：点击 WLAN 按钮可开启 / 关闭 Wi-Fi（Wireless Fidelity）网络，长按可选择或设置需要连接的 Wi-Fi 网络；点击“蓝牙”按钮可开启 / 关闭蓝牙连接，长按可进行蓝牙连接设置；点击“飞行模式”按钮可开启 / 关闭飞行模式，开启时会关闭 Wi-Fi 和蓝牙功能；点击“静音”按钮设置静音，可屏蔽系统消息弹窗，并完全关闭遥控器提示音；点击“屏幕录制”按钮可开启 / 关闭录屏功能，不过需要插入 SD 卡后才可使用；点击“屏幕截图”按钮可以对当前画面进行截屏，不过需要插入 SD 卡后才可使用；点击“移动数据”按钮可以开启数据流量，不过要插入客户识别模块（Subscriber Identity Module，SIM）卡。

❺ 屏幕亮度调节：拖动滑动条可调节屏幕亮度。

❻ 音量调节：拖动滑动条可调节媒体音量。

1.2.3　认识相机界面

扫码看教学视频

认识DJI Fly App相机界面中各按钮和图标的功能，可以更好地掌握无人机的飞行技巧。在DJI Fly App主页中，点击GO FLY按钮，即可进入DJI Fly App相机界面，如图1-21所示。

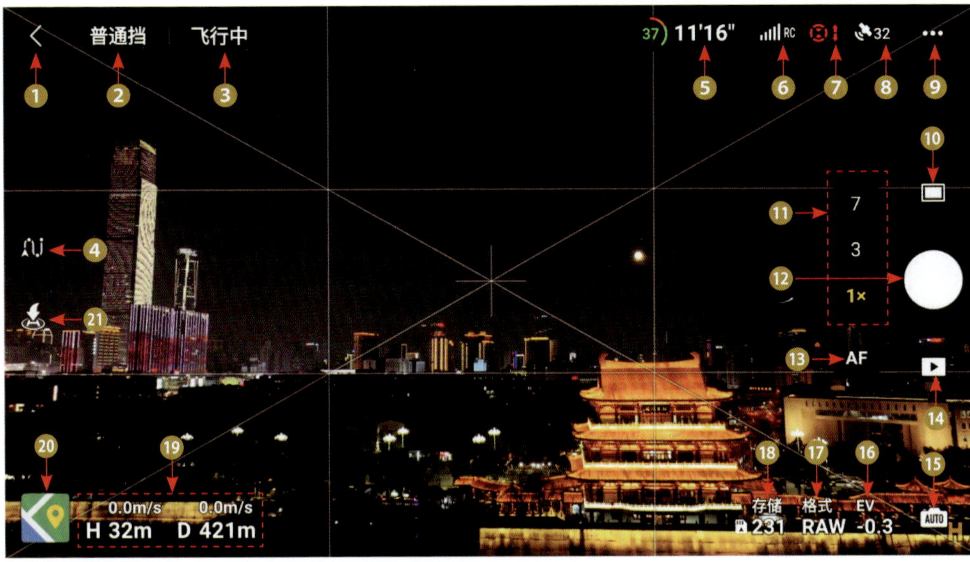

图 1-21　DJI Fly App 相机界面

❶ 返回按钮：点击该按钮，可返回 DJI Fly App 的主页。

❷ 飞行挡位：当前的飞行挡位是“普通挡”，在 RC 遥控器上可切换挡位至“平稳挡”或“运动挡”。

❸ 飞行器状态指示栏：显示飞行器的飞行状态及各种警示信息，当前显示“飞行中”。

❹ 航点飞行按钮：点击该按钮，可开启 / 退出航点飞行模式。

❺ 智能飞行电池信息栏：显示当前智能飞行电池电量百分比及剩余可飞行时间，点击可查看更多电池信息。

❻ 图传信号强度：显示当前飞行器与遥控器之间的图传信号强度，点击该图标，可查看强度。

❼ 视觉系统状态：图标左边部分表示水平全向视觉系统状态，右边部分表示上、下视觉系统状态。图标呈白色表示视觉系统工作正常；图标呈红色表示视觉系统关闭或工作异常，此时无法躲避障碍物。

❽ GNSS 状态：显示 GNSS 信号强弱，点击该图标，可查看具体 GPS 信号的强度和星数。当图标显示为白色时，表示 GNSS 信号良好，可刷新返航点；当图标显示为红色时，则需要谨慎飞行。

❾ 系统设置按钮：系统设置包括安全、操控、拍摄、图传和关于。

❿ 拍摄模式按钮：点击该按钮，可以设置具体的拍摄模式。

⓫ 对焦条：有 1 倍、3 倍、7 倍可选，在探索模式下，可支持 28 倍变焦。

⓬ 拍摄按钮：点击该按钮，可触发相机拍照或开始 / 停止录像。

⓭ 对焦按钮：点击该按钮，可切换对焦方式（有 AF/MF），长按该按钮可调出对焦条。

⓮ 回放按钮：点击该按钮，可以查看已拍摄的视频及照片。

⓯ 相机挡位切换按钮：在拍照模式下，支持切换 AUTO 和 PRO 挡，不同挡位下可设置的参数不同。

⑯ 曝光值：数字为 0 代表曝光正常；负值代表曝光不足，画面就会暗一些；正值且越大就代表曝光可能过度。

⑰ 拍摄参数：显示拍摄参数，点击该图标，可设置格式、分辨率和帧率。

⑱ 存储信息栏：显示 SD 卡及机身的存储容量，点击该图标可以查看存储容量详情。

⑲ 飞行状态参数：显示飞行器与返航点水平方向的距离（*D*）和速度，以及飞行器与返航点垂直方向的距离（*H*）和速度。

⑳ 地图：点击可打开地图面板，或者切换至姿态球。姿态球支持切换以飞行器为中心 / 以遥控器为中心，会显示飞行器的机头朝向、倾斜角度，遥控器和返航点位置等信息。

㉑ 自动起飞 / 降落 / 智能返航按钮：自动起飞 / 降落时，点击该按钮，可以展开控制面板，长按可以使飞行器自动起飞或降落；显示智能返航时，点击该按钮，展开控制面板并长按，让飞行器自动返航降落并关闭电机。

※ 温馨提示

在相机界面中，除了点击相应的按钮或者图标进行操作，还可以对画面进行快捷操作，下面介绍 3 种常用的画面快捷操作方法。

（1）在飞行过程中，连续点击画面上的兴趣点两次，飞行器会自动转动云台相机，将该点置于画面中心；

（2）在相机界面中长按，可以调出云台角度控制条，之后在屏幕中上下左右拖曳，可以控制云台的俯仰或平移角度；

（3）在不同的拍摄模式、对焦模式、曝光模式和测光模式下，点击屏幕将触发不同的对焦 / 测光显示情况。

1.3　谨防炸机的 10 种情况

“炸机”通常是指无人机坠毁或出现严重故障的情况。无人机一般都是价值几千或上万的，所以炸机的经济损失非常大，而且从高空坠落，对地面上的行人也会造成安全风险。为了帮助飞手们提前规避风险，保证飞行安全，本节将带领大家了解最容易炸机的10种情况。

1.3.1　电量不足炸机

扫码看教学视频

很多新手在刚开始飞无人机的时候，都会有一个错觉，就是明明感觉没飞多久就没电了，这是因为自己没有规划好时间和电量导致的结果。当电量低于20%的时候，飞行界面会提示用户“飞机电量低，请尽快返航或降落”，如图1-22所示。如果无人机飞得太远又快没电了，就会因为返航时电量不足，强制原地下降。

图 1-22　提示“飞机电量低，请尽快返航或降落”

用户在飞行无人机的时候，当剩余电量仅够返航时，就应该让无人机返航了，千万不能有侥幸心理。等电量过低的时候再返航，用户也会很容易紧张，操作不当的话，非常容易引起炸机。

当无人机严重低电量时，就会强制降落，所以用户一定要时刻注意电量的情况，每次都要留足可以让无人机返航的电量。

1.3.2　对飞行环境评估不足

扫码看教学视频

如果无人机的飞行环境不理想，信号干扰强烈的话，就很容易炸机。在飞行前，需要评估飞行环境，提前规避，降低损失。

1. 夜间飞行有风险

夜间飞行无人机，由于光线不充足，会导致无人机的视觉系统和避障功能失效，用户只能通过图传画面来判断四周的环境，这个时候用户可以打开“前机臂灯”，如图1-23所示，使无人机的前机臂灯能在黑暗的天空中闪烁，这样可以方便用户在夜间找到无人机，并远距离知道无人机是否朝向用户。

但是如果没有对飞行地点进行踩点，在夜晚飞行时，也会影响判断。尤其是当天空有电线等肉眼看不到的障碍物时，这时的夜间飞行环境就非常危险了。

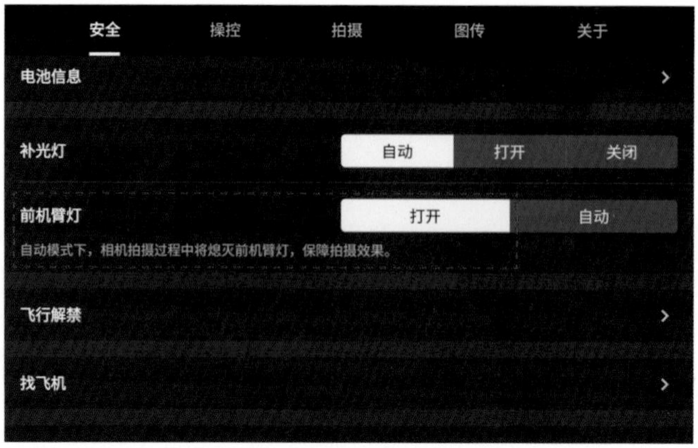

图 1-23　打开“前机臂灯”

2. 水面干扰气压计

在使无人机沿着水面飞行的时候，无人机的气压计会受到干扰，无法精确定位无人机的飞行高度。当无人机在水面上方飞行的时候，经常会出现掉高现象，无人机会越飞越低，如果不控制无人机到一定的高度，一不小心就会使无人机飞到水里面去。

3. 人群密集的地方

如果是航拍新手，尽量不要在有人的地方飞行，以免造成第三方损失。当飞手过于紧张的时候，双手控制摇杆方向的时候就容易出错，这也是为什么很多新手司机上路会把刹车当油门了。新手在练习飞行技术的时候，一定要找一大片空旷的地方练习，等自己的飞行技术达到一定的水平了，再挑战复杂一点的航拍环境。

现在大疆Mavic 3 Pro无人机有了变焦功能，用户可以用3倍或者7倍焦段远距离航拍人群，这样就能避免无人机飞到人群密集的地方。

4. CBD高楼干扰信号

无人机在中央商务区（Central Business District，CBD）的高楼间飞行，玻璃幕墙很容易影响无人机接收信号，如图1-24所示。

当在室外飞行无人机的时候，无人机是依靠GPS定位的，一旦信号不稳定，无人机在空中就会失控。特别是当无人机穿梭在楼宇间时，飞手有时候是看不到无人机的，只能通过图传屏幕看到无人机前方的情况，上下左右都没法看到，这个时候如果无人机的左侧有玻璃幕墙，而飞手在不知道的情况下直接将无人机向左横移，那么无人机就会直接撞上玻璃幕墙，导致炸机。

图 1-24　玻璃幕墙很容易影响无人机接收信号

5. 大风、大雨、大雪、雷电天气

如果室外的风速达5级以上，那就是大风，陆地上的小草和树木会摇摆，这个时候如果起飞无人机，就很容易被风吹走。当无人机不受遥控器的控制时，就会被风吹跑，非常容易炸机。大雨、大雪、雷电、有雾的天气，也不能飞行无人机。大雨、大雪容易把无人机淋湿；雷电天气容易炸机；有雾的天气会阻碍视线，而且拍摄出来的片子也没那么清晰、好看。

在大风中飞行，如果风速过大，屏幕中会有强风警告提示信息，如图1-25所示，提示用户需要返航无人机。如果大家一定要在大风中飞行，拍摄一些特殊的画面，那么建议在DJI Fly App相机界面中点击左下角地图框中右下角的按钮，打开姿态球。大风的时候一定要密切监视无人机的姿态，姿态球倾斜达到极限时，一定要尽量返航或悬停，避免炸机。

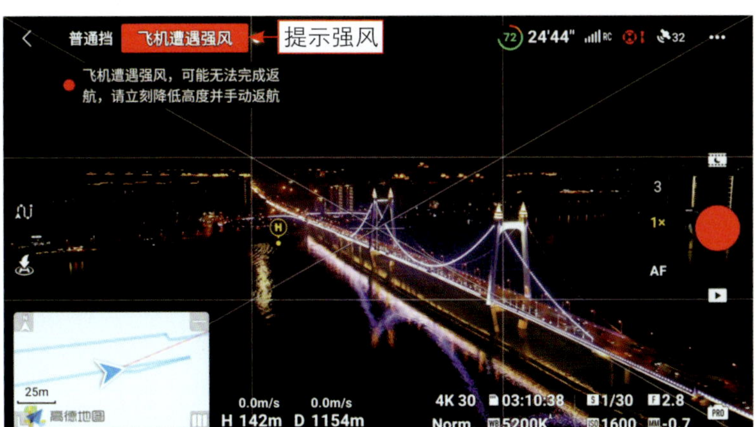

图 1-25　屏幕中会有强风警告提示信息

6. 铁栏杆、信号塔、高大的建筑物、高压线附近

若无人机起飞的四周有铁栏杆、信号塔或者高大的建筑物，会对无人机的信号和指南针造成干扰。有高压线的地方也不适合飞行，如图1-26所示。

图 1-26　有高压线的环境

高压电线对无人机产生的电磁干扰非常严重，而且离电线的距离越近，信号干扰就越大，所以在拍摄的时候，尽量不要到有高压线的地方去飞行。如果在异常的情况下起飞，对无人机的安全有很大的影响。

1.3.3　信号原因炸机

扫码看教学视频

当相机飞行画面中提示GPS信号弱或者无GPS信号时，如图1-27所示，说明飞行环境对信号是有干扰的。当无GPS信号时，用户可以遥控操作，不操作的话，无人机可能会随风飘。

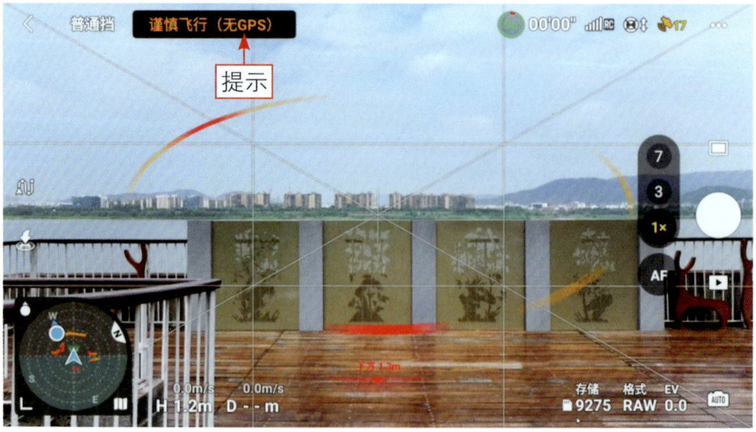

图 1-27　提示无 GPS 信号

对无人机来说，没有GPS信号是非常危险的。如果是在晚上，且无人机避障功能也失效的情况下，那么无人机离炸机就不远了。

1.3.4　起飞与降落操作失误

扫码看教学视频

在起飞与降落无人机时，如果操作失误，那么炸机的概率也是非常大的。

在起飞时，如果无人机的摆放方向不对，那么用户的打杆可能就是反向操作；当无人机起飞的位置不平整时，无人机可能会倾斜，从而造成螺旋桨变形、断裂。

在降落时，如果降落的地面凹凸不平，如图1-28所示，也会造成无人机侧翻，损坏螺旋桨或者电机；当无人机降落时，用户不注意周边环境，导致无人机撞到障碍物或者路人，后果也会非常严重。

图 1-28　降落的地面凹凸不平

1.3.5　无人机起飞不充足

扫码看教学视频

在起飞无人机的时候，用户需要提前检查无人机的状态。如果飞行器上的螺旋桨在安装时没有拧紧，那么飞行器在飞行的过程中很容易因为机身无法平衡而炸机。

用户可以从以下两个方面来检查，来保证无人机起飞时是准备充足的。

1. 硬件检查

① 检查飞行器机身与云台相机是否有损坏、划痕，螺丝、卡扣是否松动等。

② 检查启动电机时是否有异响；排气口是否被堵塞。

③ 检查螺旋桨是否损坏，型号是否正确，数量是否足够。

④ 检查电池是否损坏或异常；电量是否足够；电池数量是否足够。

⑤ 检查遥控器或手机的电量是否充足，以及USB-C连接线是否正常。

⑥ 检查是否安装存储卡，以及存储卡的内存是否足够。

⑦ 检查充电器、充电管家是否损坏，能否正常使用。

⑧ 检查电池电量和温度是否有问题。

2. 软件检查

① 检查DJI Fly App界面中的状态栏是否有错误提示和警报信息。

② 确定是否需要模块自检和固件升级。

③ 检查飞行挡位、飞行模式是否正确（运动挡没有避障功能）。

④ 检查指南针是否存在异常（如果存在异常，就需要校准）。

⑤ 检查摇杆模式是否适合（有“美国手”“日本手”等区别，尤其是使用他人的无人机时）。

⑥ 检查图传质量是否良好（如果不好，就暂时不要飞行）。

1.3.6 飞行操作不当炸机

扫码看教学视频

用户操作不当也是非常容易引起炸机的，下面为大家介绍5个非常容易炸机的坏习惯，希望大家可以引以为戒。

① 无视电池鼓包。当无人机在高温环境飞行或者用户在高温环境为无人机电池充电时，那么电池可能会鼓包。如果用户使用鼓包的电池飞行无人机，那么很可能发生无人机起火爆炸的事故，或者无人机在飞行中，电池弹出来了，导致出现空中停机的风险。

② 在阳台起飞无人机。在高楼的阳台起飞无人机是非常危险的操作，因为室内是没有GPS信号的，无人机处于视觉定位模式，如果没有控制好遥控器，那么无人机会“飘飞”或炸机。

③ 丢失图传信号。当空中的无人机飞到用户的背面或者两侧时，如果用户不调整遥控器的朝向，那么信号会变弱，如图1-29所示。当无人机飞到建筑物后面时，信号完全被遮挡，就会丢失遥控和图传信号。

如果无人机在断信号之后，返航时撞到了高楼、大树等障碍物，那么就会引起炸机。正确调整遥控器天线的姿势如图1-30所示，当遥控器顶部正对飞行器时，遥控器与飞行器之间的信号质量是最佳的。

图 1-29　信号会变弱

图 1-30　正确调整遥控器天线的姿势

④ 经常使用运动挡飞行无人机。在运动挡模式下，无人机的避障功能会失效，刹车距离也会加长，如果在复杂的环境下飞行无人机，那么稍微操作不慎，就很容易炸机。建议用户在平稳挡或者普通挡模式下飞行无人机，如图1-31所示。

图 1-31　普通挡模式

⑤ 从来不检查桨叶。无人机在多次飞行之后，桨叶的磨损程度是非常大的，如果出现松动或者断裂，也是非常危险的。

1.3.7 航向控制失误

扫码看教学视频

对新手而言，由于不熟悉摇杆的航向，在打杆的时候，可能会出现航向控制失误的情况。如果无人机的反向位置有障碍物，而用户又刚好反向打杆了，那么无人机很可能会撞到障碍物，尤其是在复杂环境飞行无人机时，稍微错一点，都会有炸机的风险。

建议用户尽量缓慢地推杆，尽量在空旷的环境中飞行无人机，留一些余地，确保在失误操作之后，还能挽救回来。

1.3.8 高度判断失误

扫码看教学视频

高度判断失误在一些低空飞行的事件中比较常见。如果在大树周围飞行，大树的叶子和枝干是非常多的，如图1-32所示，如果用户对高度判断失误，那么无人机就很有可能撞进树枝里。特别是在一些前进飞行中，无人机要越过一些障碍物，如果用户没有把控好高度，那么无人机很可能就会与障碍物直接相撞。

图 1-32　在大树周围飞行

建议大家尽量让无人机飞高一点，这样可以减少意外的发生，毕竟高空中的障碍物会比地面上的障碍物少。

1.3.9 错认他人无人机

扫码看教学视频

当与飞友们约定一起飞行无人机的时候，会发现大家使用的大多是相同品牌或者型号的无人机，这样很容易认错无人机。当手动降落无人机的时候，看到没有反应的无人机，误以为是自己的无人机失灵，因此胡乱操作，就会导致自己的无人机失控炸机。

当自己与飞友有着相同型号的无人机时，可以在无人机的机臂上贴上贴纸以作识别，夜间发光效果的贴纸还能让用户在晚上精准地识别无人机，如图1-33所示。假如在降落或者飞行期间真的认不出自己的无人机了，首先要保持冷静，分析图传画面，再判断无人机的飞行方向和位置；或者开启智能返航功能，让无人机飞到起飞点的上空。

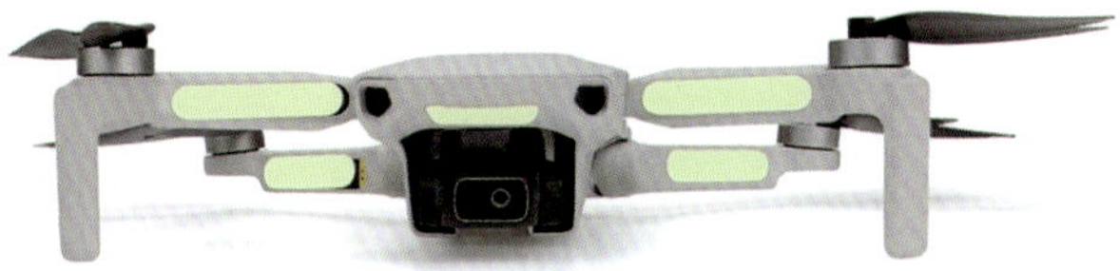

图 1-33　贴上带有夜间发光效果的机臂贴纸

1.3.10　未遵守飞行规定

扫码看教学视频

未遵守飞行规定，是指用户不遵守法律规定的飞行政策，在限高区或者禁飞区飞行，尤其是机场和党派、政府、军队、团体等禁飞区的上空，是无人机的禁区，千万不能飞。

在城市举办重大活动之前，也会颁布临时禁飞的通知，现场也会设置干扰，建议用户在限飞或禁飞期间不要进行航拍，如上海进博会期间和杭州亚运会期间。

在DJI Fly App的主页中点击“飞行安全地图”模块，并进入“地图”界面，就可以进行查看，如图1-34所示，在橙色框内的区域为限飞区和禁飞区。

图 1-34　查看限飞区和禁飞区

在部分禁飞区飞行，需要提前进行报备，通过报备之后才不会是“黑飞”。

第 2 章

航拍构图：掌握短视频摄影的奥秘

构图是拍出好照片的第一步，这一点在航拍摄影和摄像中同样重要。构图是突出画面主体最有效的方法，在对焦和曝光都正确的情况下，优秀的构图技巧往往会让一张照片和一段视频脱颖而出，好的构图能让摄影作品吸引观众的眼球，并让其产生共鸣。本章主要介绍航拍摄影中构图取景的技巧，帮助大家拍出满意的作品。

2.1　摄影构图的基础与关键

一张好看的航拍照片和一段精彩的航拍视频离不开好的构图。在对焦和曝光都正确的情况下，进行构图之后，会让航拍作品脱颖而出，吸引观众的眼球。

构图就是点、线、面规律的总结，无论是有意还是无意为之，每一张照片和每一帧视频画面都会有自己相应的构图结构。本节将为大家介绍摄影构图的基础与关键，掌握构图的原则和元素。

2.1.1　构图的原则

扫码看教学视频

构图的第一个原则就是画面需要明确主题，告诉观众你想表达什么？构图的好坏将直接关系到作品的成功与否，而主题明确是摄影构图的一个基本原则。主题就是中心思想，相当于文章的标题，可以说，它是画面的灵魂。

明确了主题之后，在具体拍摄时，就要考虑到拍摄的主体了。主体是指所要表现的对象，画面主体是反映内容与主题的主要载体，也是构图的中心，主体就是拍摄画面的第一视觉点。

图2-1所示为航拍的建筑画面，将建筑安排在画面的中心位置，并且用俯拍的角度展示其别样的造型，可以使主体更加突出、明显。

图 2-1　航拍的建筑画面

良好的构图可以让视觉主体更突出、更完善、更集中、更典型、更理想，从而提升画面的艺术表达效果。通过构图来最大限度地表现主体，这才是构图的目的。

2.1.2 构图的元素

扫码看教学视频

构图的基本元素是什么？是点、线、面。一段好看的视频，一定是某点、某线或某面的完美组合，只要选择适合的元素进行组合，就能够拍出大片。

1. 点

点是所有画面的基础。在摄影中，它可以是画面中真实的一个点，也可以是一个面，只要是画面中很小的对象就可以称之为点。在构图时，可以用点的形式突出表现主体，也可以用两个“点”在画面中形成对比，还可以让3个或3个以上的“点”构成画面。图2-2所示为以点的形式构图的画面，在全景模式下，地景画面变成了一个圆点。

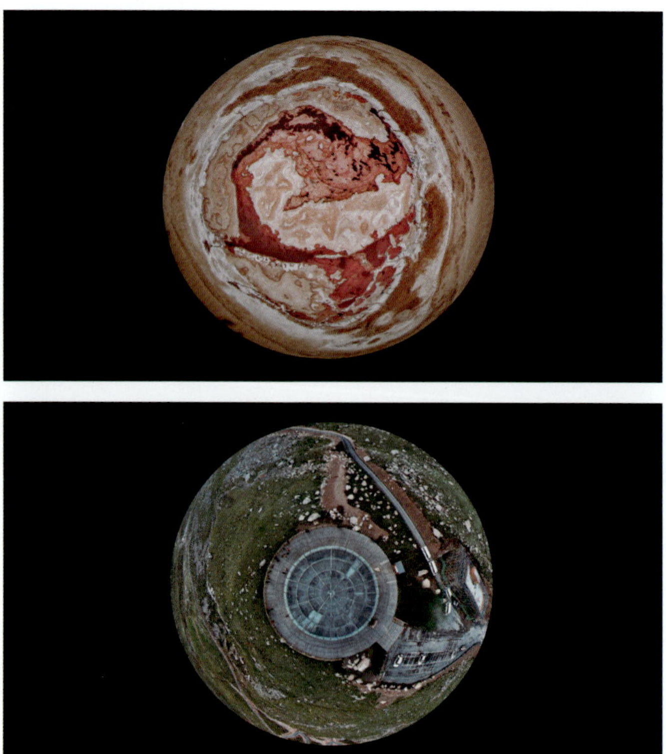

图 2-2　以点的形式构图

2. 线

线既可以是在画面中真实表现出来的实线，也可以是用视线连接起来的“虚拟的线”，还可以是足够多的点以一定的方向集合形成的线。

图2-3所示为利用线条构图的画面，沙漠中的沙丘形成了优美的曲线和波浪状的纹理，带来了动感和生命力。

图 2-3　利用线条构图的画面

3. 面

面是在点或线的基础上，通过一定的连接或组合，形成的一种二维或三维效果。图2-4所示为利用“面”元素构图航拍的画面，画面中的红衣美女是点、沙丘是线、广阔的沙漠和天空形成了面，构成了一幅完整的画面。红衣美女在沙漠的背景下显得格外醒目，也形成了鲜明的对比，这种对比使得画面更加有趣，也更具观赏性。

图 2-4　利用“面”元素构图航拍的画面

在使用点、线、面元素构图时，还需要掌握一些技巧，下面进行相应的介绍。

① 构图平衡。确保画面中的点、线、面达到平衡，避免过于拥挤或失衡，可以使用对称、黄金分割等构图法来指导元素的摆放。

② 适当留白。留白是一种重要的构图技巧，通过在画面中留下空白来突出主体。构图时可以利用天空、水面或任何其他不显眼的元素留白。

③ 情感表达。通过点、线、面构图来传达情感，如温暖、宁静、神秘等，激发观众的情绪反应，产生情感连接。

2.2　选择合适的航拍角度

当用无人机航拍同一个物体的时候，选择不同的拍摄角度，得到的画面效果是截然不同的。以不同的高度拍摄的画面会给人带来不同的画面感受，而且选择不同的视点，可以将普通的被摄对象以更新鲜、别致的方式展示出来。本节将为大家介绍3种航拍角度。

2.2.1　平视航拍的角度

扫码看教学视频

平视是指在用无人机拍摄时，平行取景，取景镜头与被摄物体的高度一致，这样可以展现画面的真实细节。图2-5所示为使用平视角度航拍的川西风光画面，平视拍摄角度可以让画面更具亲和力，也符合人们的视觉观察习惯。

图 2-5　使用平视角度航拍的川西风光画面

在地景画面比较丰富且具有层次感的时候，可以用广角全景模式平视拍摄，这样能让画面容纳更多的景物，如图2-6所示。

图 2-6　用广角全景模式平视拍摄景物

平视斜面构图可以规避一些对称感不够的缺陷，使用平视斜面构图只拍摄建筑的一角，还可以使画布具有很强烈的立体空间感。

2.2.2 俯视航拍的角度

扫码看教学视频

俯视是指要选择一个比主体更高的拍摄位置，主体所在平面与摄影者所在平面形成一个相对大的夹角。采用俯拍构图法拍摄时，地点的高度较高，拍出来的画面视角大，画面具有很强烈的透视效果，更具纵深感和层次感，如图2-7所示。

图 2-7　以俯视角度航拍的画面

俯拍有利于记录宽广的场面，表现宏伟的气势，展现出明显的纵深效果和丰富的景物层次。俯拍角度的变化，带来的画面感受也是有很大区别的。图2-8所示为用相机镜头以垂直90° 朝下航拍的公园栈道，画面极具线条感。

图 2-8　用镜头以垂直 90° 朝下航拍的公园栈道画面

2.2.3　仰视航拍的角度

扫码看教学视频

仰拍会让画面中的主体给人高耸、庄严、伟大的感觉，同时展现出视觉透视效果。图2-9所示为使用仰拍角度航拍的高楼画面。目前，大疆Mavic 3 Pro的最大仰角可达35°，适合用来拍摄高大的建筑。

图 2-9　使用仰拍角度航拍的高楼画面

2.3 新手常用的 4 种构图取景法

无人机航拍构图和传统的摄影构图是一样的，画面中所需要的要素都相同，包括主体、陪体和环境等。本节主要介绍新手常用的4种构图取景法，帮助大家拍出优美的风光大片。

2.3.1 水平线构图

扫码看教学视频

采用水平线构图拍摄的画面给人辽阔、平静的感觉。采用这种构图方式拍摄需要前期多看、多琢磨，寻找一个好的拍摄地点。对于比较有经验的摄影师，可以很轻松地航拍出理想的风光照片或视频。这种构图法比较适合用来拍摄风光大片。

图2-10所示为在岳麓山上空航拍的画面，主要展示了壮阔的城市风光。此处采用了水平线构图法，以地平线为水平线，天空与地景各占画面二分之一，以岳麓山为前景，画面丰富且具有生机，中景有城市建筑和湘江，背景天空的云朵也富有动感，整幅画面层次感十足，让人感受到了一种自然与城市相结合的美。

图 2-10　在岳麓山上空航拍的画面

水平线构图可以很好地表现出物体的对称性。一般情况下，摄影师在拍摄海景的时候，最常采用的构图法就是水平线构图法。

2.3.2　前景构图

扫码看教学视频

前景是指位于拍摄主体与镜头之间的事物。前景构图是指利用恰当的前景元素来构图取景，可以使画面具有强烈的纵深感和层次感，同时也能极大地丰富画面内容，使画面更加鲜活和饱满。

在拍摄时，要善于发现前景，如果没有自然的前景，也可以创造出一些前景，比如扩大焦段设计前景或者后期合成前景。前景构图主要有两种拍摄思路，分别如下。

第一种是直接将前景作为拍摄的主体。图2-11所示为航拍的前景构图画面，在拍摄的时候，车子作为前景，放在离镜头最近的位置，更好地突出主体，也能让画面背景更有层次感。

图 2-11　航拍的前景构图画面

第二种是将前景作为陪体，将主体放在中景或背景位置上，用前景来引导视线，使观众的视线聚焦到主体上。

图2-12所示为航拍的城市夜景画面，高楼建筑为前景，跨江大桥为中景，城市建筑为背景，由于画面占比的关系，观众的视线和焦点会放在中间的位置，所以前景只是起着引导视线和陪衬的作用。

图 2-12　航拍的城市夜景画面

总而言之，前景可以成为主体，也可以作为陪体。

2.3.3　斜线构图

扫码看教学视频

斜线构图是指在画面中运用对角线元素来安排景物位置的一种构图方式。这种构图法能够打破画面的平衡感，增加动态感和视觉张力，使画面更加生动有趣。

斜线构图还可以引导观众的视线在画面中移动，突出画面的深度和空间感。此外，斜线构图还可以与其他构图技巧相结合，如对称、黄金分割等，形成更为复杂的视觉效果。

斜线构图是在静止的横线上出现的，给人一种静谧的感觉，斜线的延伸感还可以加强画面的透视效果。同时，斜线构图的不稳定性使画面富有新意，给人以独特的视觉感受。

利用斜线构图可以使画面产生三维的空间效果，增强画面立体感，使画面充满动感与活力，且富有韵律感和节奏感。斜线构图是非常基本的构图方式，在拍摄轨道、山脉、植物、沿海等风光时，可以采用斜线构图法。

图 2-13 所示为使用斜线构图法航拍的道路画面。以斜线构图的方式拍摄道路，可以让画面摆脱平庸感，并且具有很强的视线导向性。在航拍摄影中，斜线构图是一种使用频率颇高，而且也颇为实用的构图方法，希望大家可以熟练掌握。

图 2-13　使用斜线构图法航拍的道路画面

还有一种是交叉斜线，在航拍立交桥的时候经常会用到这种构图方式。图2-14所示为夜间立交桥车流的航拍画面，交叉双斜线构图使画面更具有延伸感，同时一条条的车流光轨交汇在一起，真是美极了。

图 2-14　夜间立交桥车流的航拍画面

2.3.4 居中构图

扫码看教学视频

在航拍的时候，如果拍摄的主体面积较大，或者极具视觉冲击力，可以把拍摄主体放在画面最中心的位置，采用居中法构图进行拍摄。

图2-15所示为采用居中构图法航拍的北辰三角洲建筑群，将拍摄主体置于画面最中间的位置，可以聚焦观众的视线，重点展现所要表现的主体。

图 2-15　采用居中构图法航拍的北辰三角洲建筑群

2.4　高手常用的 4 种构图取景法

在学习了4种新手常用的构图取景法之后，接下来进阶学习高手常用的4种构图取景法，帮助大家掌握更多的构图技能。

2.4.1 三分线构图

扫码看教学视频

三分线构图，顾名思义就是将画面在横向或纵向分为3个部分，这是一种非常经典的构图方法，是大师级摄影师偏爱的一种构图方式。将画面一分为三，比较符合人的视觉习惯，而且画面不会显得很单调。常用的三分线构图法有两种，一种是横向三分线构图，另一种是纵向三分线构图，分别如下。

图2-16所示为航拍丁达尔效应的画面，可以看到这是一张用横向三分线构图

法拍摄的画面。如果将三分线再细分一下，这是用下三分线构图法拍摄的，天空占据了画面的三分之二左右，而地景占据了画面的三分之一左右。这样不仅可以使画面中的主体建筑更加突出，而且还能体现城市的辽阔感。

图 2-16　使用横向三分线构图法航拍的画面

纵向三分线构图法是指将主体或辅体放在画面左侧或右侧三分之一的位置。在拍摄纵向三分线构图的画面时，要注意留白，如果主体的引导视线在左边，那么就把主体放在右三分线上，反之亦然。

把画面中的人物放在了右三分线上，在左侧区域进行了留白，整体画面让人觉得非常舒适，如图2-17所示。

图 2-17　使用纵向三分线构图法拍摄的画面

2.4.2 曲线构图

扫码看教学视频

曲线构图是指摄影师抓住拍摄对象特殊的形态特点，在拍摄时采用特殊的拍摄角度和手法，将物体以类似曲线般的造型呈现在画面中。在航拍构图手法中，C形曲线和S形曲线是运用得比较多的。

C形构图是一种曲线型构图手法，拍摄对象类似于C形，可以体现出被摄对象的柔美感、流畅感、流动感，常用来航拍弯曲的建筑、马路、岛屿以及沿海风光等大片。图2-18中采用拱形设计的大桥，就呈C形。

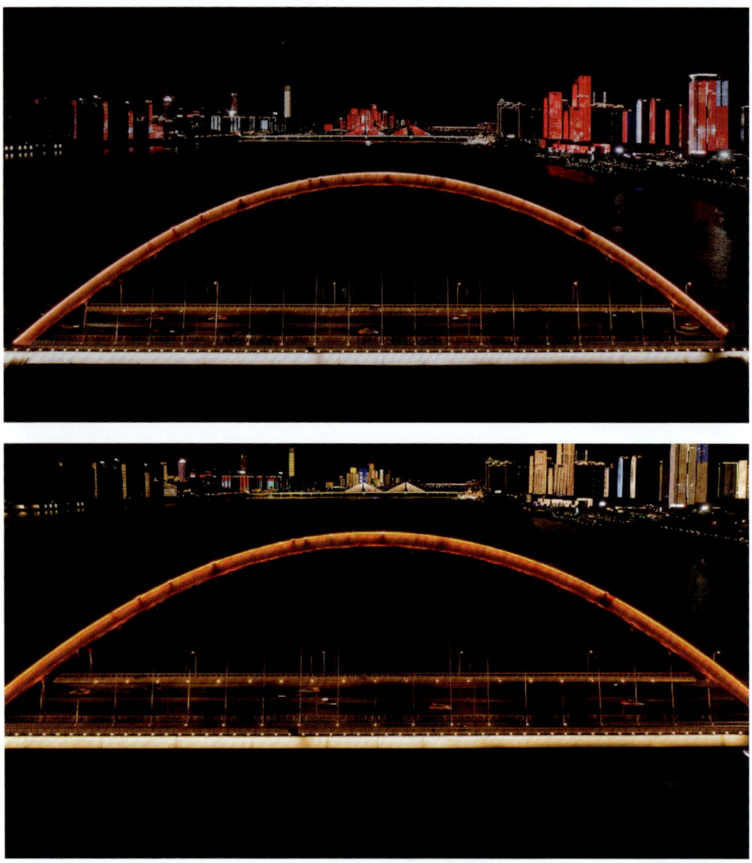

图 2-18　C 形构图画面

S形构图是C形构图的强化版，主要用来表现富有S形曲线美的景物，如自然界中的河流、小溪、山路、小径、深夜马路上蜿蜒的路灯或车队等，会有一种悠远感或蔓延感。图2-19所示为航拍的石桥画面，石桥形态呈S形曲线，十分夺人眼球。

图 2-19　S 形构图画面

2.4.3　透视构图

扫码看教学视频

近大远小是基本的透视规律，航拍摄影亦遵循此规律，并且透视构图法有着增强画面立体感的作用，可以给人带来身临其境的现场感。在航拍镜头中，由于透视的关系，所有的平行直线会变成斜线，这样就会加强纵深感，让画面有视觉张力。

图2-20所示为单边透视构图画面，公路斜向延伸，将观众的视线引向了远方，画面极具张力。

图 2-20　单边透视构图画面

在双边透视构图中，画面中的线条通常不会像单点透视那样只向一个消失点汇聚，而是会向两个不同的消失点汇聚。这种构图可以创造出更加复杂和真实的空间感，尤其是在表现街道、走廊或其他具有多条平行线的场景时，画面会具有独特的视觉冲击力。图2-21所示为双边透视构图画面，公路左右的两条线在画面中延伸。

图 2-21　双边透视构图画面

双边透视构图的优点包括以下几个方面。

① 增加深度感：通过多个消失点，画面中的主体看起来更加有深度和立体感。

② 引导视线：线条向不同的方向汇聚，可以引导观众的视线在画面中移动，给人带来动态的视觉体验。

③ 创造复杂的空间：适用于表现复杂的建筑和环境，更好地展示空间结构。

④ 增强故事性：这种构图方法可以为画面增添故事性，通过空间布局和视觉引导讲述更多的故事。

2.4.4 对比构图

扫码看教学视频

对比构图的含义很简单，就是通过不同形式的对比来强化画面的构图形式，可以产生不一样的视觉效果。对比构图的意义有两点：一是通过对比产生区别，来强化主体；二是通过对比来衬托主体，起辅助作用。

想在拍摄中获得对比构图的效果，就要找到与拍摄主体差异明显的对象来进行构图，这里的差异包括很多方面，例如大小、远近、方向、动静和明暗等。

图2-22所示为使用明暗对比构图法航拍的夕阳画面，通过黑色的地景来烘托美丽的夕阳，使画面具有立体感、层次感和轻重感。

图 2-22　使用明暗对比构图法航拍的夕阳画面

图2-23就是使用颜色对比构图法航拍的画面，蓝色的建筑灯光与橙色的道路灯光形成鲜明对比，使建筑物、桥梁和道路更加突出。这种对比不仅强调了城市的繁华和活力，还给人一种宁静和神秘的感觉。

图 2-23　使用颜色对比构图法航拍的画面

第 3 章 飞行动作：考证必学的打杆操作

当将无人机安全起飞后，需要学会一些飞行动作来控制无人机的飞行。本章将介绍一些飞手考证必备实训动作，有上升、悬停、降落、方形飞行及画8字飞行等。希望通过对本章的学习，各位飞手可以学会和掌握飞行拍摄动作要领，成为一名合格的无人机飞行员。

3.1　基础飞行动作

在飞行无人机的时候，需要先学习打杆，练习飞行动作。基础的飞行动作包括向上、向下、向左、向右、向前、向后等。本节将为大家介绍基础的飞行动作。

3.1.1　上升、悬停和降落

扫码看教学视频　扫码看案例效果

上升、悬停和降落是学习无人机飞行的第一步，用户只有熟练地掌握了这3种基本的飞行操作，才能更好地飞行无人机。大家要通过这些基础的飞行训练，找到控制摇杆的感觉。下面介绍上升、悬停和降落的飞行动作。

步骤 01 将无人机放在水平地面上，依次开启遥控器与飞行器的电源，当相机界面左上角状态栏显示“可以起飞”的信息后，❶点击拍摄按钮；❷左右双摇杆同时向下内掰，如图3-1所示。

图 3-1　左右双摇杆同时向下内掰

※ 温馨提示

在起飞无人机的时候，点击相机界面左侧的自动起飞按钮，弹出相应的面板，并长按“起飞”按钮，也可以快速起飞无人机。

步骤 02 进入“检查桨叶安装位置”界面，确定无误之后，点击“检查完毕”按钮，如图3-2所示，继续左右双摇杆同时向下内掰，启动电机。

步骤 03 向上推动左摇杆，让无人机向上飞行至23m的高度，如图3-3所示。

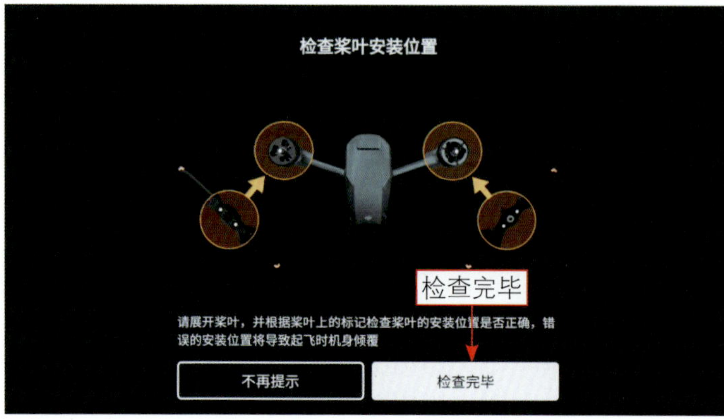

图 3-2　点击“检查完毕”按钮

图 3-3　向上推动左摇杆

步骤 04 当无人机悬停在空中的时候，向右推动左摇杆，让无人机向右旋转一定的角度，找寻拍摄主体，如图3-4所示。

图 3-4　向右推动左摇杆

步骤 05 向下推动左摇杆，让无人机降落，如图3-5所示，一直向下推动左摇杆，直到无人机降落在地面，电机也停止运行了。

图 3-5　向下推动左摇杆

3.1.2　方形飞行

扫码看教学视频　扫码看案例效果

方形飞行是指将无人机按照设定的方形路线进行飞行，在进行方形飞行的过程中，相机的朝向不变，无人机的旋转角度不变，只需要通过上下左右推右摇杆，调整无人机的飞行方向即可。下面为大家介绍方形飞行的飞行动作。

步骤 01 向左拨动云台俯仰拨轮，调整俯仰角度至90°，俯拍地面，向上推动右摇杆，让无人机向前飞行，如图3-6所示，飞行一段距离之后，停止推杆。

图 3-6　向上推动右摇杆

步骤02 向右推动右摇杆，让无人机向右飞行，如图3-7所示，飞行一段距离之后，停止推杆。

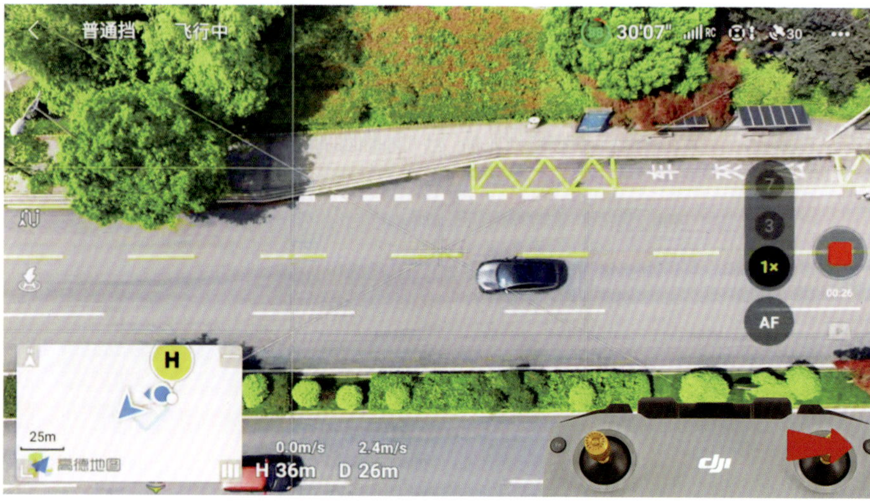

图 3-7 向右推动右摇杆

步骤03 向下推动右摇杆，让无人机向后飞行，如图3-8所示，飞行一段距离之后，停止推杆。

图 3-8 向下推动右摇杆

步骤04 向左推动右摇杆，让无人机向左飞行，如图3-9所示，飞行一段距离之后，停止推杆。至此，无人机的飞行轨迹就是一个方形，方形飞行可以练习向前、向后、向左、向右推杆。

图 3-9　向左推动右摇杆

3.1.3　飞进飞出

扫码看教学视频　扫码看案例效果

飞进飞出的飞行动作是指将无人机向前飞行一段距离后，通过向左或向右旋转180°，再往回飞。熟练掌握飞进飞出的拍摄，有利于用户找到双手同时操作无人机的感觉。下面为大家介绍飞进飞出的飞行动作。

步骤 01 向上推动右摇杆，让无人机向前飞行，如图3-10所示，飞行一段距离之后，停止推杆。

图 3-10　向上推动右摇杆

步骤 02 向左推动左摇杆，如图3-11所示，让无人机向左旋转180°，旋转完成后，停止推杆。

图 3-11　向左推动左摇杆

步骤 03 向上推动右摇杆，无人机将向前，也就是迎面飞回来，如图3-12所示，飞行一段距离之后，停止推杆。

图 3-12　向上推动右摇杆

3.2　进阶飞行动作

上一节介绍了基础飞行动作的训练，大家掌握了这些基本的飞行技巧后，接下来需要提升自己的航拍技术，学习一些进阶飞行动作。

3.2.1　360° 旋转飞行

扫码看教学视频　扫码看案例效果

360° 旋转又称为原地转圈，是指当无人机飞到高空后，进行360° 原地旋转。下面为大家介绍360° 旋转飞行的飞行动作。

向左推动左摇杆，让无人机从右向左旋转360° ，如图3-13所示。

图 3-13　360° 旋转飞行画面

3.2.2 画圆圈飞行

扫码看教学视频 扫码看案例效果

画圆圈飞行是指围绕某一个物体进行旋转飞行，这种飞行方式与360° 旋转飞行有一定的区别，后者是原地不动旋转360°，而画圆圈飞行是让无人机环绕某一物体飞行一圈，难度会稍微大一点。下面为大家介绍画圆圈飞行的飞行动作。

将无人机上升到一定高度后，将相机镜头朝向主体，向右推动右摇杆，无人机将向右侧飞行，推杆的幅度要小一点，油门给小一点；同时向左推动左摇杆，让无人机逆时针环绕飞行一周，如图3-14所示。

图 3-14　画圆圈飞行画面

3.2.3　画8字飞行

扫码看教学视频　扫码看案例效果

画8字飞行是比较有难度的一种飞行动作，当用户对前面几组飞行动作都已经熟练以后，接下来就可以开始练习画8字飞行了，画8字飞行也是无人机飞行考证的必考内容。画8字飞行会同时用到左右摇杆，需要左手和右手完美配合。在DJI Fly App的相机界面中，点击左下角的地图，可以查看飞行轨迹。画8字飞行的轨迹如图3-15所示。

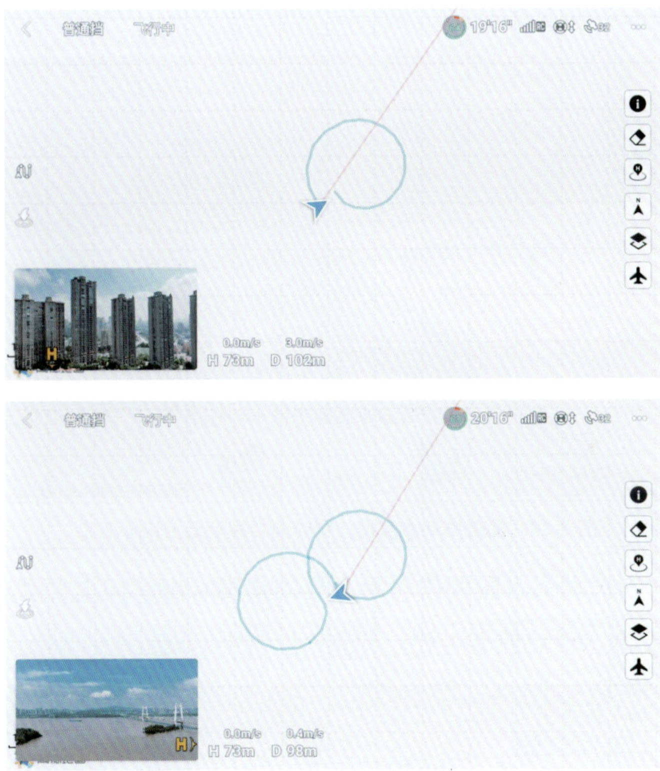

图 3-15　画 8 字飞行轨迹

下面介绍飞行方法。

① 根据环绕飞行的飞行动作，将右摇杆向右推动，同时左手向左推动左摇杆，让无人机逆时针飞一圈。

② 逆时针飞行完成后，向左推动左摇杆，原地旋转180°，转换机头方向。

③ 通过向右推动左摇杆，向左推动右摇杆，以顺时针方向再飞一圈，这样就能飞出8字的轨迹来。如果操作不够熟悉，轨迹不够清晰，可以多飞行几遍。

3.2.4 展现镜头

展现镜头是指当无人机向前飞行的时候，逐渐展现镜头中的内容，有一种柳暗花明又一村的感觉。下面为大家介绍展现镜头的飞行动作。

扫码看教学视频 扫码看案例效果

步骤01 向左拨动云台俯仰拨轮，调整俯仰角度至90°，俯拍地面。向上推动右摇杆，让无人机向前飞行，同时向右拨动云台俯仰拨轮，抬高镜头，如图3-16所示。

图 3-16 向上推动右摇杆，同时向右拨动云台俯仰拨轮

步骤02 向右拨动云台俯仰拨轮至一定的角度，继续向上推动右摇杆，让无人机朝着主体向前飞行，展现主体，如图3-17所示。

图 3-17 继续向上推动右摇杆

3.2.5 跟随移动目标

扫码看教学视频　扫码看案例效果

跟随移动目标拍摄是指无人机跟随着某个目标飞行拍摄，一般跟拍汽车、游船的情况比较多，这种拍摄方式在影视画面中也能经常看到。

采用跟随移动目标的拍摄手法时，有一点需要注意，就是在跟拍的时候，要与目标对象保持一定的距离，防止操作不当引起坠机，造成财产和人身损害。下面为大家介绍跟随移动目标的飞行动作。

相机镜头朝向主体，在主体运动的时候，无人机在主体的侧面。向右推动右摇杆，让无人机向右侧飞，跟随主体的运动飞行，如图3-18所示。

图 3-18　向右推动右摇杆

第 4 章

基础运镜：手动操作航拍视频

在电影或者电视剧中，会有一些超高角度、视野广阔的镜头，这些视频是无法用普通的摄像机拍摄出来的，大多会使用无人机进行航拍，展现出极具冲击力的画面。那么，如何用无人机拍摄视频呢？上一章介绍了飞行动作，本章将为大家介绍基础运镜拍法，帮助大家拍出流畅又好看的视频。

4.1　手动上下运镜

上下运镜是比较基础和入门的运镜方式，但是在拍摄时，也要讲究一定的技巧，避免出现画面背景杂乱、主体不突出的情况。本书无人机的遥控器操控方式主要以“美国手”为例，本章向大家介绍基础运镜技巧，本节首先介绍上下运镜技巧。

4.1.1　上升镜头

扫码看教学视频　扫码看案例效果

上升运镜是无人机航拍中基础和初级的运镜方式，通过上升运镜拍摄的镜头即上升镜头，无人机飞行的第一件事就是向上飞行，可以用上升镜头慢慢地展示建筑和其周围的环境，如图4-1所示。

图 4-1　上升镜头

拍摄方法如下：

向上推动左侧的摇杆，让无人机上升飞行，即可拍摄上升镜头。

4.1.2 下降镜头

扫码看教学视频 扫码看案例效果

下降镜头可以慢慢地展示地面上的前景，转移画面主体，让观众有惊喜感，如图4-2所示。在拍摄时，需要用户先构思好飞行路线，这样才能表达出重点。

图 4-2 下降镜头

拍摄方法如下：

向下推动左侧的摇杆，让无人机下降飞行，即可拍摄下降镜头。

4.2　前进后退运镜

在学习完上升和下降镜头的拍摄方法之后，本节将为大家介绍手动前进和后退运镜的方法，帮助大家继续学习利用无人机运镜航拍。

4.2.1　前进镜头

扫码看教学视频　扫码看案例效果

前进镜头主要有两种使用情境，第一种是无人机无目标地往前飞行，主要用来交代影片的环境；第二种是无人机对准目标向前飞行，画面的目标会由小变大，如图4-3所示。

图4-3　前进镜头

拍摄方法如下：

向上推动右侧的摇杆，让无人机实现前进飞行，拍摄前进镜头。在前进飞行的时候，可以微微向左拨动云台俯仰拨轮，微微俯拍主体。

4.2.2 后退镜头

扫码看教学视频 扫码看案例效果

后退镜头主要用来展示主体周围的环境，让主体在画面中慢慢变小，周围的环境慢慢变大，展示广阔的空间，如图4-4所示。

图 4-4 后退镜头

拍摄方法如下：

向下推动右侧的摇杆，让无人机实现后退飞行，即可拍摄后退镜头。

4.3　手动侧飞运镜

侧飞运镜，顾名思义，就是让无人机侧着“身子”飞行，比较常用的有向左侧飞和向右侧飞镜头。本节将为大家介绍两种侧飞运镜的方法。

4.3.1　向左侧飞镜头

扫码看教学视频　扫码看案例效果

向左侧飞镜头是指无人机从右侧飞向左侧，以从右向左展示所要拍的画面，如图4-5所示，慢慢地移动展示主体，适合用来拍摄具有水平延展性的主体。

图 4-5　向左侧飞镜头

拍摄方法如下：

向左推动右侧的摇杆，让无人机向左飞行，即可拍摄向左侧飞镜头。

4.3.2 向右侧飞镜头

扫码看教学视频 扫码看案例效果

向右侧飞镜头是一种右移镜头，与向左侧飞的方向刚好相反，无人机向右移动飞行，如图4-6所示，拍摄大桥上的车流，表现了具有流动感的画面场景。

图 4-6　向右侧飞镜头

拍摄方法如下：

向右推动右侧的摇杆，让无人机向右飞行，即可拍摄向右侧飞镜头。

4.4　手动旋转运镜

旋转运镜也称为原地转圈飞行运镜，是指当无人机飞到高空后，用户向左或者向右推动左侧的摇杆，让无人机进行原地旋转。本节将为大家介绍两种旋转运镜的方法。

4.4.1　向左旋转镜头

扫码看教学视频　扫码看案例效果

图4-7所示为一段向左旋转镜头拍摄的画面，无人机在雪山上空向左旋转飞行拍摄，将云层上方周围的环境展示得淋漓尽致。

图 4-7　向左旋转镜头

拍摄方法如下：

向左推动左侧的摇杆，让无人机向左旋转机身，即可拍摄向左旋转镜头。

4.4.2 向右旋转镜头

扫码看教学视频 扫码看案例效果

在拍摄城市夕阳西下的风光时，除了使用广角镜头拍摄视频，还可以使用长焦镜头拍摄向右旋转镜头，不仅可以将美景尽收眼底，还可以展示别样的角度，如图4-8所示。

图 4-8 向右旋转镜头

拍摄方法如下：

向右推动左侧的摇杆，让无人机向右旋转机身，即可拍摄向右旋转镜头。

4.5　手动环绕运镜

环绕运镜也叫“刷锅”，是指无人机围绕某个物体做圆周运动，有向左和向右环绕两个方向。在环绕飞行之前，最好先找到环绕中心，如建筑等物体。本节将为大家介绍两种环绕运镜的方法。

4.5.1　顺时针环绕镜头

扫码看教学视频　扫码看案例效果

选择以人物为主体，让无人机在高处俯拍，并围绕人物环绕拍摄，从人物侧面向左侧顺时针环绕，拍摄到人物的另一侧面，如图4-9所示。

图 4-9　顺时针环绕镜头

拍摄方法如下：

向右推动左侧的摇杆，同时向左推动右侧的摇杆，让无人机向左侧顺时针环绕主体，即可拍摄向左顺时针环绕镜头。

4.5.2 逆时针环绕镜头

扫码看教学视频　扫码看案例效果

以桥梁为主体，让无人机沿水平角度围绕桥梁建筑向右环绕拍摄，多角度地展示桥梁建筑，如图4-10所示。

图 4-10　逆时针环绕镜头

拍摄方法如下：

向左推动左侧的摇杆，同时向右推动右侧的摇杆，让无人机向右侧逆时针环绕主体，即可拍摄向右逆时针环绕镜头。

4.6　手动俯仰运镜

在无人机机身位置不变的情况下，根据云台相机的灵活性，可以实现仰拍角度最大到35°，俯拍角度最大到90°，让航拍视野变得更加宽广。本节将介绍两种手动俯仰运镜的方法。

4.6.1　俯视下压镜头

扫码看教学视频　扫码看案例效果

俯视下压镜头，主要是让无人机云台相机慢慢俯拍，就像“低头”一样。这个运镜手法可以用来揭示主体，拍摄开场镜头，如图4-11所示。

图 4-11　俯视下压镜头

拍摄方法如下：

用户让无人机飞升至一定的高度，平拍前飞的风光，慢慢向左拨动云台俯仰拨轮，进行俯拍，让主体慢慢进入画面中。

4.6.2 仰视上抬镜头

扫码看教学视频 扫码看案例效果

仰视上抬镜头与俯视下压镜头的俯仰角度刚好相反，让云台相机慢慢“抬头”，仰拍主体，如图4-12所示。

图 4-12　仰视上抬镜头

拍摄方法如下：

让无人机飞升至一定的高度，俯拍路面，慢慢向右拨动云台俯仰拨轮，进行仰拍，拍摄桥梁建筑主体，从而展示更丰富的环境内容。

第 5 章
智能运镜：无人机自动拍视频

在大疆官方的DJI Fly App中，用户可以选择相应的拍摄模式，让无人机实现智能运镜。在使用这些模式进行运镜时，用户只需选取拍摄目标、观察飞行环境和设定好相应的参数，就能让无人机一键运镜。本章将详细为大家介绍6种一键短片运镜和大师镜头运镜拍法。

5.1　6 种一键短片运镜

本节主要介绍6种一键短片运镜方式，有渐远模式运镜、冲天模式运镜和环绕模式运镜等方式，让用户可以一键操作，实现航拍运镜。

5.1.1　渐远模式

扫码看教学视频　扫码看案例效果

一键短片模式中的渐远模式运镜是指无人机以目标为中心逐渐后退并上升飞行。在使用渐远模式拍摄视频的时候，需要先选择拍摄目标，无人机才能进行相应的飞行操作。使用渐远模式运镜拍摄的视频效果如图5-1所示。

图 5-1　使用渐远模式运镜拍摄的视频效果

下面介绍具体的操作方法。

步骤 01 在DJI Fly App的相机界面中，点击拍摄模式按钮，如图5-2所示。

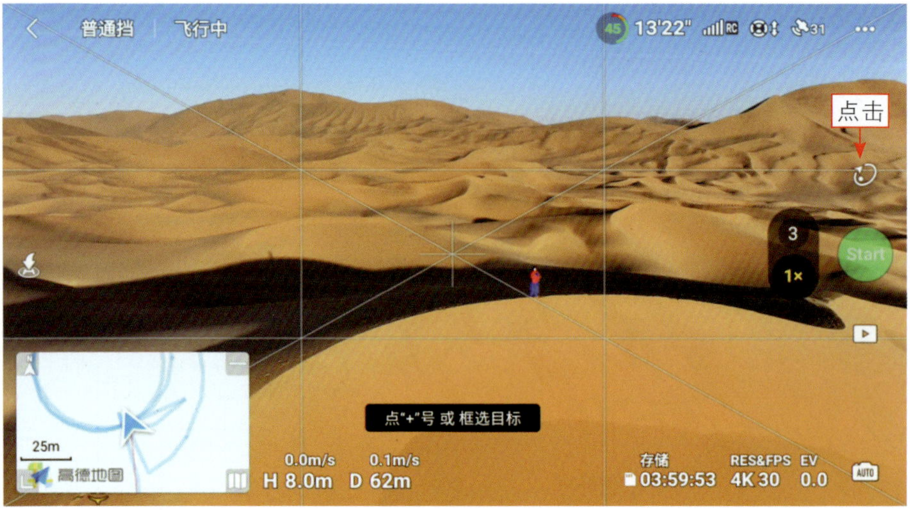

图 5-2　点击拍摄模式按钮

步骤 02 在弹出的面板中，❶选择“一键短片”选项；❷选择“渐远”拍摄模式；❸点击拍摄画面，如图5-3所示，消除提示。

图 5-3　点击拍摄画面

步骤 03 调整无人机的位置和俯仰角度，进行居中构图，在屏幕中框选人物作为目标，如图5-4所示。

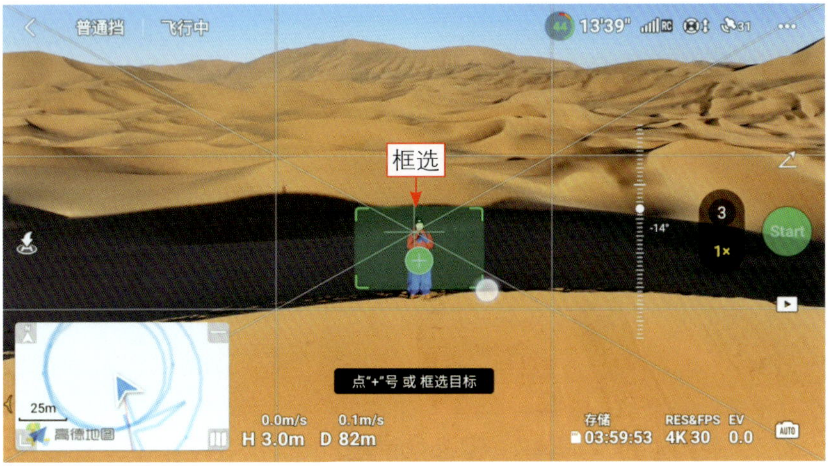

图 5-4　在屏幕中框选人物为目标

步骤 04 选择目标之后，在绿色的方框内，默认飞行“距离”参数为30m，点击Start（开始）按钮，如图5-5所示，执行操作后，无人机进行后退和拉高飞行。

步骤 05 拍摄任务完成后，无人机将自动返回到起点，如图5-6所示。

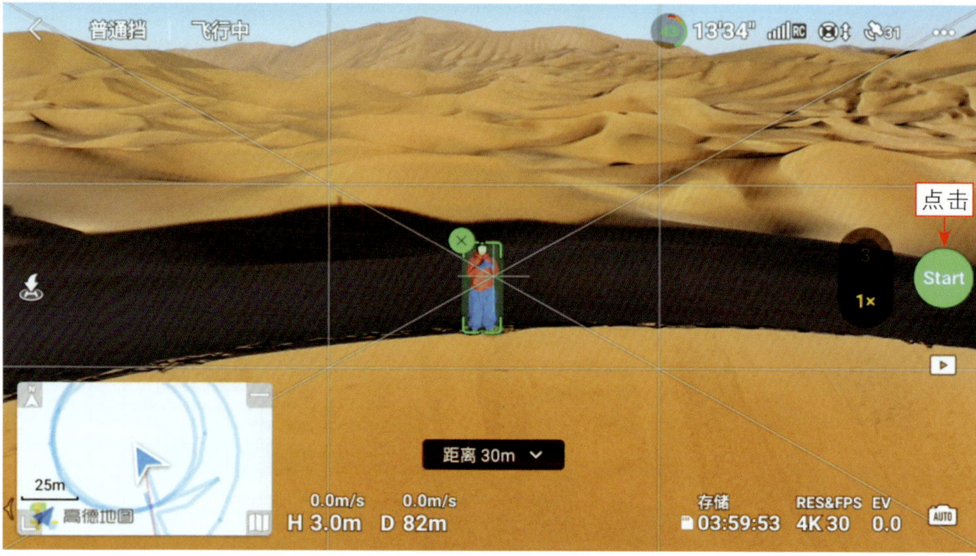

图 5-5　点击 Start（开始）按钮

图 5-6　无人机将自动返回到起点

※ 温馨提示

在使用渐远模式运镜拍摄的时候，可以先靠近主体并俯拍，拍摄效果会更好。

5.1.2　冲天模式

扫码看教学视频　扫码看案例效果

当使用冲天模式运镜拍摄时，在框选目标对象后，无人机的云台相机将俯视目标对象，然后上升飞行，离目标对象越飞越远。使用冲天模式运镜拍摄的视频效果如图5-7所示。

图 5-7　使用冲天模式运镜拍摄的视频效果

下面介绍具体的操作方法。

步骤 01 在DJI Fly App的相机界面中，❶点击变焦条上的3按钮，设置3×（3倍）变焦；❷点击拍摄模式按钮，如图5-8所示。

图 5-8　点击拍摄模式按钮

步骤 02 在弹出的面板中，❶选择“一键短片”选项；❷选择“冲天”拍摄模式，如图5-9所示。

步骤 03 ❶框选塔顶作为目标；❷点击下拉按钮，如图5-10所示。

步骤 04 ❶设置“高度”参数为40m；❷点击Start（开始）按钮，如图5-11所示，无人机即可进行拉高飞行，拍摄任务完成后，无人机将自动返回到起点。

图 5-9　选择“冲天”拍摄模式

图 5-10　点击下拉按钮

图 5-11　点击 Start（开始）按钮

5.1.3　环绕模式

扫码看教学视频　扫码看案例效果

环绕模式运镜是指无人机围绕目标对象，以固定半径环绕一周飞行。使用环绕模式运镜拍摄的视频效果如图5-12所示。

图 5-12　使用环绕模式运镜拍摄的视频效果

下面介绍具体的操作方法。

步骤 01 在DJI Fly App的相机界面中，❶点击变焦条上的3按钮，设置3×（3倍）变焦；❷点击拍摄模式按钮，如图5-13所示。

图 5-13　点击拍摄模式按钮

步骤 02 在弹出的面板中，❶选择“一键短片”选项；❷选择“环绕”拍摄模式，如图5-14所示。

图 5-14　选择"环绕"拍摄模式

步骤 03 ❶在屏幕中框选人物作为目标；❷选择向左顺时针环绕飞行的方式；❸点击Start（开始）按钮，如图5-15所示，无人机环绕人物飞行一周后，回到起点。

图 5-15　点击 Start（开始）按钮

5.1.4　螺旋模式

螺旋模式运镜是指无人机围绕目标对象飞行一圈，并逐渐拉升一段距离。使用螺旋模式运镜拍摄的视频效果如图5-16所示。

扫码看教学视频　扫码看案例效果

图 5-16　使用螺旋模式运镜拍摄的视频效果

下面介绍具体的操作方法。

步骤 01 ❶在"一键短片"模式中框选人物作为目标，点击拍摄模式按钮，默认选择"一键短片"选项；❷选择"螺旋"拍摄模式；❸默认设置向左顺时针环绕飞行，最大半径为30m；❹点击Start（开始）按钮，如图5-17所示。

图 5-17　点击 Start（开始）按钮

步骤02 无人机即可围绕目标对象顺时针飞行一圈，并逐渐拉升一段距离，拍摄任务完成之后，再返回起点，如图5-18所示。

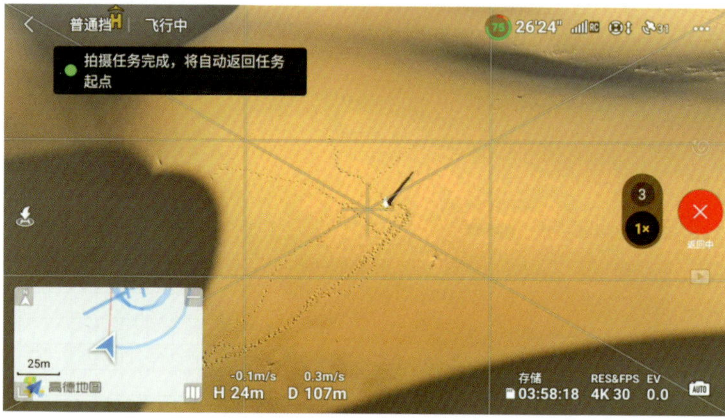

图 5-18　无人机会飞回到起点

5.1.5　彗星模式

扫码看教学视频　扫码看案例效果

在使用彗星模式运镜拍摄视频时，无人机将围绕目标飞行，并逐渐上升到最远端，再逐渐下降返回起点。使用彗星模式运镜拍摄的视频效果如图5-19所示。

图 5-19　使用彗星模式运镜拍摄的视频效果

下面介绍具体的操作方法。

步骤01 ❶在“一键短片”模式中点击变焦条上的3按钮；❷点击车子上面的按钮，框选车子作为目标；❸点击拍摄模式按钮，如图5-20所示。

步骤02 在弹出的面板中，❶默认选择“一键短片”选项；❷选择“彗星”拍摄模式；❸选择向右逆时针环绕飞行；❹点击Start（开始）按钮，如图5-21所示。

步骤03 无人机围绕目标进行环绕上升飞行，最后再飞回起点，如图5-22所示。

图 5-20　点击拍摄模式按钮

图 5-21　点击 Start（开始）按钮

图 5-22　无人机会飞回起点

5.1.6 小行星模式

扫码看教学视频　扫码看案例效果

使用小行星模式拍摄运镜，可以完成一个从局部到全景的漫游小视频，效果非常吸引人。使用小行星模式拍摄的运镜视频效果如图5-23所示。

图 5-23　使用小行星模式运镜拍摄的视频效果

下面介绍具体的操作方法。

步骤 01 在DJI Fly App的相机界面中，点击拍摄模式按钮，弹出相应的面板，❶选择“一键短片”选项；❷选择“小行星”拍摄模式，如图5-24所示。

图 5-24　选择“小行星”拍摄模式

步骤 02 点击车子上面的按钮，如图5-25所示，框选车子作为目标。

步骤 03 点击Start（开始）按钮，如图5-26所示，无人机开始飞行和拍摄，拍摄任务完成后，会飞回到起点。

※ 温馨提示

在一键短片模式中，目前，只有小行星模式暂不支持 3 倍变焦镜头拍摄，剩余的 5 种模式都可以使用 3 倍变焦镜头拍摄。

图 5-25　点击相应按钮

图 5-26　点击 Start（开始）按钮

5.2　大师镜头运镜拍法

扫码看教学视频　扫码看案例效果

对小白来说，大师镜头是非常实用的一个智能拍摄模式。当你面对目标物，却不知道如何运镜时，在DJI Fly App的相机界面中选择“大师镜头”拍摄模式，就能给你带来不一样的视角和惊喜。本节将为大家介绍相应的运镜技巧。

5.2.1 选择拍摄主体

在“大师镜头”模式下，无人机会根据拍摄对象自动规划出飞行轨迹。无人机是自动拍摄的，为了安全，建议用户选择宽阔的环境，且适当飞高一些。在拍摄运镜视频之前，需要选择目标，用户可以通过框选或者点击目标对象的方式选择目标。下面介绍具体的操作方法。

步骤01 在DJI Fly App的相机界面中，点击拍摄模式按钮▭，如图5-27所示。

图 5-27　点击拍摄模式按钮

步骤02 在弹出的面板中选择“大师镜头”选项，如图5-28所示。

图 5-28　选择“大师镜头”选项

※ 温馨提示

无人机会根据目标对象的大小和距离进行测算，从而拍摄10段运镜视频，不同的对象有不同的运镜拍法。

步骤 03 ❶在屏幕中框选古楼建筑作为目标对象；❷点击Start（开始）按钮，如图5-29所示。

图 5-29　点击 Start（开始）按钮

步骤 04 弹出“位置调整中…”提示，无人机会自动调整位置，如图5-30所示。

图 5-30　弹出“位置调整中…”提示

5.2.2 拍摄运镜视频

无人机会自动运镜拍摄10段运镜视频，下面为大家介绍相应的运镜效果。

❶ 无人机开始后退和上升拉高，远离目标主体，拍摄一段渐远镜头，如图5-31所示。

图 5-31 拍摄渐远镜头

❷ 无人机后退拉高之后，开始围绕目标飞行，拍摄一段远景环绕镜头，如图5-32所示。

图 5-32 拍摄远景环绕镜头

❸ 调整云台之后进行俯拍，拍摄抬头前飞镜头，如图5-33所示。

图 5-33　拍摄抬头前飞镜头

❹ 进入长焦模式，拍摄一段近景环绕镜头，如图5-34所示。

图 5-34　拍摄近景环绕镜头

❺ 继续变焦，拍摄一段中景环绕镜头，如图5-35所示。

图 5-35　拍摄中景环绕镜头

❻ 让无人机飞到主体前，拍摄冲天镜头，如图5-36所示。

图 5-36　拍摄冲天镜头

❼ 调整云台之后进行俯拍，扣拍前飞镜头，如图5-37所示。

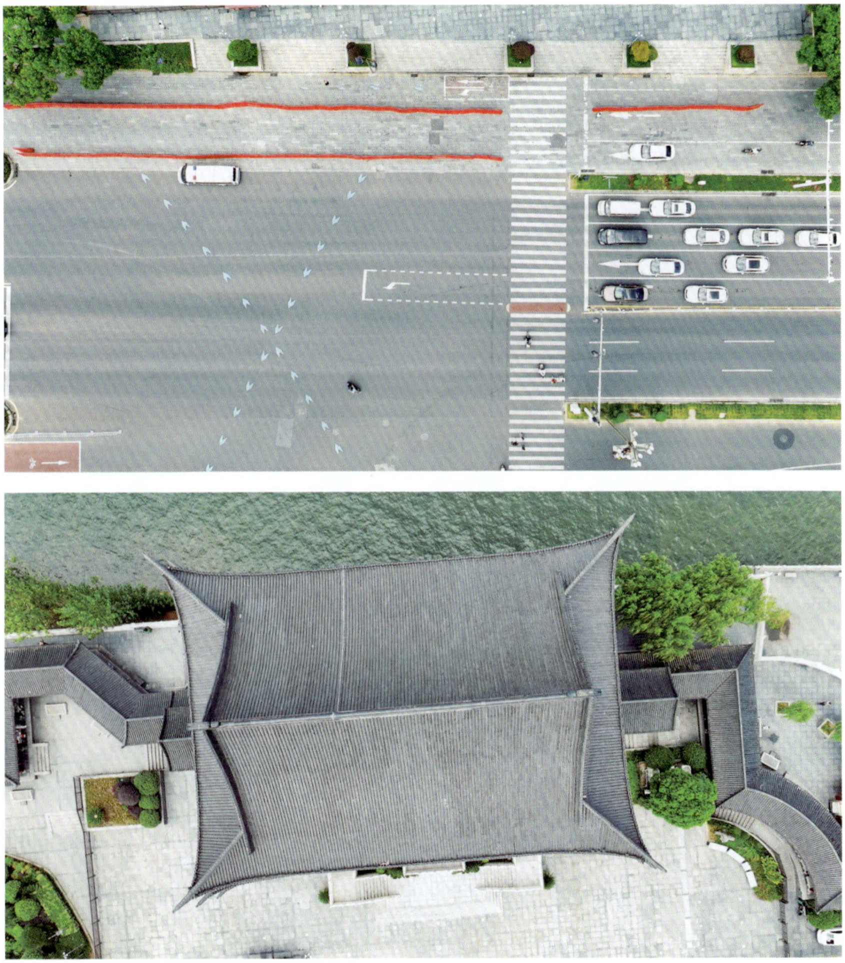

图 5-37　扣拍前飞镜头

❽ 让无人机飞到主体上方进行俯拍，扣拍旋转镜头，如图5-38所示。

图 5-38　扣拍旋转镜头

❾ 让无人机回到平拍角度，慢慢降低高度平拍下降镜头，如图5-39所示。

图 5-39　平拍下降镜头

❿ 继续俯拍，慢慢降低高度拍摄扣拍下降镜头，如图5-40所示。

图 5-40　扣拍下降镜头

第 6 章
组合镜头：展现创意让故事更精彩

组合镜头是多个基础镜头组合在一起的镜头，拍摄难度比基础镜头高一些。用组合镜头进行航拍，可以让画面更具高级感。本章将为大家介绍一些组合镜头，为航拍视频增加更多的亮点，吸引观众眼球，让你轻松拍出大片感，从而给视频带来更多的关注和流量。

6.1 基础组合镜头

不同的拍摄对象有不同的组合镜头拍摄方式，本节将为大家介绍一些基础镜头，帮助大家学会更多的镜头航拍方法。

6.1.1 上升前进镜头

扫码看教学视频　扫码看案例效果

如果无人机离目标比较远且相差一定的高度，则可以使用上升前飞镜头，将画面中心焦点聚集在目标上，进行强调和突出，如图6-1所示。

图 6-1　上升前进镜头

拍摄方法如下：

① 让无人机在远处飞行，并朝向目标位置进行平拍；

② 向上推动左侧的摇杆，让无人机上升飞行；

③ 同时，向上推动右侧的摇杆，让无人机前进飞行。

6.1.2　后退拉高镜头

后退拉高镜头可以展现环境的广阔，让无人机后退拉高，主体和其周围的环境可以一览无遗，如图6-2所示。

扫码看教学视频　扫码看案例效果

图 6-2　后退拉高镜头

拍摄方法如下：

① 让无人机飞行至一定的高度，靠近并微微俯拍主体建筑；

② 向下推动右侧的摇杆，让无人机后退飞行，远离建筑；

③ 同时，向上推动左侧的摇杆，让无人机上升飞行，拍摄广阔的环境。

6.1.3 前进下降镜头

扫码看教学视频 扫码看案例效果

在拍摄具有线条感的主体时，可以使用斜线构图法，让画面具有纵深感，同时进行下降前飞拍摄，让目标变得更清晰，如图6-3所示。

图 6-3 前进下降镜头

拍摄方法如下：

① 调整云台俯仰拨轮，让无人机在远处微微俯拍江面；

② 向下推动左侧的摇杆，让无人机下降飞行；

③ 同时，向上推动右侧的摇杆，让无人机前进飞行，边下降边向前飞。

6.1.4　上升左飞镜头

在拍摄上升左飞镜头时，画面的左侧需要有目标物，最好先寻找前景，这样画面才能更有层次感，如图6-4所示。

扫码看教学视频　扫码看案例效果

图 6-4　上升左飞镜头

拍摄方法如下：

① 让无人机在建筑的右侧降低高度飞行；

② 向左推动右侧的摇杆，让无人机向左飞行；

③ 同时，向上推动左侧的摇杆，让无人机上升，从而边上升边向左飞行。

6.1.5 上升右飞镜头

扫码看教学视频 扫码看案例效果

上升右飞镜头的推杆方式与上升左飞镜头的推杆方式有细微区别，主要在于左飞推杆变成了右飞推杆，在拍摄时，也需要画面的右侧有目标物，如图6-5所示。

图 6-5 上升右飞镜头

拍摄方法如下：

① 向右推动右侧的摇杆，让无人机向右飞行；

② 同时，向上推动左侧的摇杆，让无人机上升，从而边上升边向右飞行。

6.1.6　环绕上升镜头

扫码看教学视频　扫码看案例效果

环绕上升镜头是让无人机围绕主体边环绕飞行边上升，无人机会不停地改变环绕角度和拍摄高度，如图6-6所示。

图 6-6　环绕上升镜头

拍摄方法如下：

① 让无人机飞升至一定的高度，拍摄高塔建筑；

② 向右上方推动左侧的摇杆；

③ 同时，向左推动右侧的摇杆，让无人机向左上方顺时针环绕主体，并上升飞行，拍摄环绕上升镜头。

6.1.7 环绕靠近镜头

扫码看教学视频 扫码看案例效果

环绕靠近镜头，顾名思义就是让无人机在环绕主体的同时，向主体的位置靠近飞行，一边环绕一边缩短环绕半径，如图6-7所示。

图 6-7 环绕靠近镜头

拍摄方法如下：

① 让无人机飞升至一定的高度，平拍高塔建筑；

② 向左推动左侧的摇杆；

③ 同时，向右上方推动右侧的摇杆，让无人机向右侧逆时针环绕主体，并向前飞行，靠近主体，拍摄环绕靠近镜头。

6.2 俯仰组合镜头

本节主要介绍一些俯仰组合镜头，因为完全的俯视视角只有利用无人机航拍才能轻易实现，希望大家学好本节内容，熟练掌握无人机的俯视航拍技巧。

6.2.1 俯视前飞镜头

扫码看教学视频 扫码看案例效果

俯视前飞镜头是指将云台相机调整到与地面垂直，然后沿直线向前飞，这样的航线适合用来航拍具有几何感的主体，如图6-8所示。

图 6-8 俯视前飞镜头

拍摄方法如下：

① 让无人机飞升至一定的高度，向左拨动云台俯仰拨轮，调整角度至90°，俯拍公园，并进行居中构图；

② 向上推动右侧的摇杆，让无人机向前飞行，拍摄俯视前飞镜头。

6.2.2 俯视前飞抬镜头

扫码看教学视频 扫码看案例效果

俯视前飞抬镜头是指无人机在以俯视角度向前飞的时候慢慢抬高镜头，多角度、多维度地展示环境内容，如图6-9所示。

图 6-9 俯视前飞抬镜头

拍摄方法如下：

① 用户向左拨动云台俯仰拨轮，让无人机俯拍大桥道路；

② 向上推动右侧的摇杆，让无人机前进飞行；

③ 同时向右拨动云台俯仰拨轮，让相机抬头进行仰拍，拍摄远处的日落。

6.2.3　俯视上升镜头

扫码看教学视频　扫码看案例效果

俯视上升镜头适合拍摄具有几何美的主体，比如线条感极强的主体，画面主体会慢慢变完整，具有线条美感，如图6-10所示。

图 6-10　俯视上升镜头

拍摄方法如下：

① 让无人机飞升至一定的高度，向左拨动云台俯仰拨轮，调整角度至90°，俯拍石桥，并进行斜线构图；

② 向上推动左侧的摇杆，让无人机上升飞行，拍摄俯视上升镜头，展示更多的石桥画面。

6.2.4 俯视下降镜头

扫码看教学视频 扫码看案例效果

俯视下降镜头与俯视上升镜头的运动方向相反，画面中的主体会由小变大，背景环境则会慢慢变少，放大主体的细节，让画面更有视觉冲击力，如图6-11所示。

图 6-11 俯视下降镜头

拍摄方法如下：

① 让无人机飞升至一定的高度，向左拨动云台俯仰拨轮，调整角度至90°，并进行斜线构图，俯拍建筑；

② 向下推动左侧的摇杆，让无人机下降飞行，拍摄俯视下降镜头。

6.2.5　俯视旋转镜头

扫码看教学视频　扫码看案例效果

具有高度的俯视镜头，可以展现画面空间，再与旋转镜头组合在一起，拍摄具有线条感的主体，画面会变得更具动感，如图6-12所示。

图 6-12　俯视旋转镜头

拍摄方法如下：

① 让无人机飞升至一定的高度，向左拨动云台俯仰拨轮，调整角度至90°，并进行斜线构图，俯拍交叉路口；

② 向左推动左侧的摇杆，让无人机旋转飞行，拍摄俯视旋转镜头。

6.2.6 俯视旋转上升镜头

扫码看教学视频 扫码看案例效果

单纯的俯视上升或者俯视下降镜头，飞行拍摄过程可能会显得有些单调，但加上旋转手法，会让画面变得有趣起来，如图6-13所示。

图 6-13 俯视旋转上升镜头

拍摄方法如下：

① 让无人机飞升至一定的高度，向左拨动云台俯仰拨轮，调整角度至90°，并进行中心构图，俯拍亭子；

② 向左上方推动左侧的摇杆，让无人机上升旋转飞行，拍摄俯视旋转上升镜头，展示亭子周围的环境。

6.2.7　上升俯视镜头

扫码看教学视频　扫码看案例效果

上升俯视镜头主要是让无人机在上升的时候，进行俯拍，可以展示更多的地面内容，带来新鲜感，如图6-14所示。

图 6-14　上升俯视镜头

拍摄方法如下：

① 让无人机飞升至一定的高度，平拍建筑；

② 向上推动左侧的摇杆，让无人机上升飞行；

③ 同时，向左拨动云台俯仰拨轮，让相机慢慢俯拍，展示地景环境。

6.2.8 下降后退抬镜头

为了展现多样角度的主体，可以使用下降后退抬镜头，把主体地景周围的环境和背景环境逐一体现，画面内容也会变得更丰富，如图6-15所示。

扫码看教学视频 扫码看案例效果

图 6-15 下降后退抬镜头

拍摄方法如下：

① 让无人机飞升至一定的高度，向左拨动云台俯仰拨轮，俯拍高塔建筑；

② 向下推动右侧的摇杆，让无人机慢慢后退；

③ 同时，向下推动左侧的摇杆，让无人机下降一定的高度；

④ 在后退下降飞行的同时，向右拨动云台俯仰拨轮，让相机微微抬头进行仰拍，拍摄主体后面的背景。

第 7 章

长焦航拍：快速缩短拍摄距离

大疆Mavic 3 Pro无人机最大的亮点就在于它的镜头。哈苏广角相机、中长焦相机和长焦相机这3个镜头可以实现多段变焦，让航拍有了更多的玩法，也让无人机从此进入了“三摄”时代。本章将为大家介绍长焦航拍的技巧。

7.1 学习长焦航拍

在学习长焦航拍之前，需要认识长焦镜头和相应的模式，以及掌握长焦航拍的作用，这样才能正确使用该功能，拍摄出让人满意的作品。下面进行具体介绍。

7.1.1 认识长焦镜头和模式

扫码看教学视频

大疆Mavic 3 Pro最大的亮点和卖点无疑是拥有3个摄像头，包括主摄4/3 CMOS哈苏相机，以及中长焦相机、长焦相机，如图7-1所示。

图 7-1　3 个摄像头

70mm等效焦距的中长焦相机可以实现3倍变焦，166mm等效焦距的长焦相机可以实现7倍变焦，也能实现最高28倍的混合变焦。

目前，由于固件版本的更新，一些拍摄模式从仅支持广角镜头，到可以使用长焦镜头拍摄，下面具体介绍。

① 支持3倍变焦的拍摄模式：单拍模式、探索模式、AEB连拍模式、连拍模式、定时模式、普通模式、夜景模式、延时模式、一键短片模式（除了小行星模式）、球形全景模式、大师镜头模式；

② 支持7倍变焦的拍摄模式：单拍模式、探索模式、AEB连拍模式、连拍模式、定时模式、普通模式；

③ 支持28倍变焦的拍摄模式：探索模式。

7.1.2 掌握长焦航拍的作用

扫码看教学视频

广角镜头可以捕捉更宽广的场景，在拍摄风景和建筑时，可以使画面包含更多的元素。

当然，广角画面也会使人感觉到视觉疲劳，这时长焦航拍就能带给观众不一样的新鲜体验。下面介绍一些长焦航拍的作用。

❶ 突出主体：长焦镜头可以压缩视角，使得背景与拍摄主体之间的距离感减小，从而让主体在画面中显得更加突出，如图7-2所示。

图 7-2　突出主体

❷ 画面压缩效果：长焦镜头可以压缩空间感，使得远处的物体看起来更接近，在拍摄山脉、城市风光等场景时，可以创造出独特的视觉效果，如图7-3所示。

图 7-3　画面压缩效果

❸ 简洁构图：使用长焦镜头可以减少画面中不必要的元素，使得构图更加简洁，如图7-4所示。

图 7-4 简洁构图

❹ 控制透视：与广角镜头相比，使用长焦镜头拍摄的建筑、人物等不会产生明显的透视变形，保持直线更加笔直，如图7-5所示。

图 7-5 控制透视

除此之外，长焦镜头还可以补充一些景别的画面，比如用来航拍特写镜头，让画面层次更丰富。在拍摄竞速场景时，使用长焦镜头在水平方向运镜，可以让画面具有速度感。

7.2　设置变焦参数

大疆Mavic 3 Pro的多段变焦功能可以让创作者更加自由地发挥，有效地提升拍摄效率。本节将为大家介绍变焦参数的设置。

7.2.1　中长焦相机：3倍聚焦

扫码看教学视频

在实际应用中，中长焦相机的使用次数可能会比哈苏广角相机的使用次数还要多，因为用户可以利用3倍变焦来突出主体。下面为大家介绍设置变焦的方法。

步骤 01 在DJI Fly App的相机界面中，点击对焦条上的3，如图7-6所示。

图 7-6　点击对焦条上的 3

步骤 02 让画面实现3倍变焦，让焦点聚焦在大桥牌匾上，如图7-7所示，如果主体没有居中，可以调整俯仰角度和旋转角度。

图 7-7　让画面实现 3 倍变焦

7.2.2 长焦相机：7倍放大

3倍变焦可以让画面具有空间压缩感，而7倍变焦则能放大主体，对局部进行刻画。下面为大家介绍设置7倍变焦的方法。

扫码看教学视频

步骤 01 在DJI Fly App的相机界面中，点击对焦条上的7，如图7-8所示。

图 7-8　点击对焦条上的 7

步骤 02 实现7倍变焦，把牌匾放大，再向左拨动云台俯仰拨轮，调整无人机的拍摄角度，从而进行构图拍摄，如图7-9所示。

图 7-9　实现 7 倍变焦

7.2.3　探索模式：28倍混合变焦

扫码看教学视频

在“探索”模式下，相机镜头可以实现28倍混合变焦，满足一些用户创作的探索需求。下面为大家介绍设置28倍混合变焦的方法。

步骤 01 在DJI Fly App的相机界面中，点击拍摄模式按钮，在弹出的面板中，❶默认选择“拍照”选项；❷选择“探索”拍摄模式；❸点击拍摄画面，如图7-10所示，消除弹出的提示。

图 7-10　点击拍摄画面

步骤 02 用双指放大屏幕，放大到最大，即可实现28倍混合变焦，再调整俯仰角度和旋转角度，即可对高塔建筑进行构图拍摄，如图7-11所示。

图 7-11　实现 28 倍混合变焦

第 8 章

长焦玩法：画面极具视觉冲击力

无人机搭载长焦镜头可以在不同的高度和角度进行拍摄，为摄影师提供了更多的视角选择，帮助摄影师创作出多样的航拍作品。本章将为大家介绍一些长焦玩法，用新的视角和创作手段来拍摄，让画面更具视觉冲击力。

8.1　基础玩法

长焦航拍对飞行技术要求较高，需要精确控制无人机的位置和姿态，以确保图像的清晰度和构图。本节将为大家介绍长焦航拍的基础玩法。

8.1.1　使用3倍变焦拍摄照片

扫码看教学视频　扫码看案例效果

长焦航拍可以在远离地面的位置捕捉特定目标，适合拍摄无法靠近或不宜靠近的场景，如野生动物、事故现场、敏感区域等，长焦为航拍提供了更多的便利。使用3倍变焦拍摄的照片效果如图8-1所示。

图 8-1　使用 3 倍变焦拍摄的照片效果

步骤 01 在相机界面中的“单拍”拍照模式中，点击对焦条上的3，如图8-2所示。

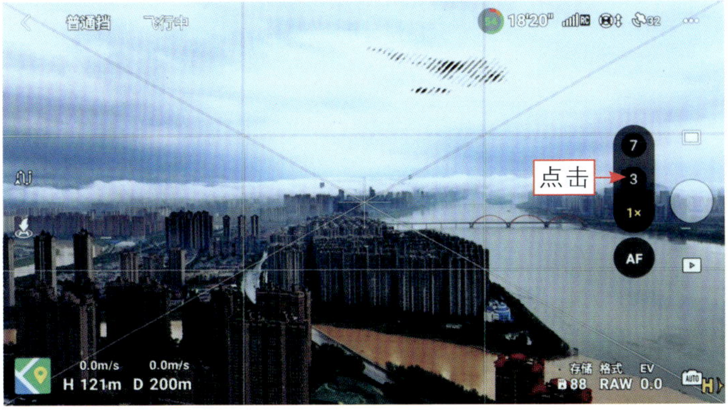

图 8-2　点击对焦条上的 3

步骤02 让画面实现3×（3倍）变焦，调整俯仰角度和旋转，进行构图，点击拍摄按钮，如图8-3所示，使用3倍变焦拍摄照片。

图 8-3　点击拍摄按钮

8.1.2　使用7倍变焦拍摄照片

扫码看教学视频　扫码看案例效果

长焦镜头可以减少画面中不必要的元素，让主体更加突出，尤其是在复杂的环境中。相比较3倍变焦而言，7倍变焦可以拍摄更多的细节，但是画质也会降低。使用7倍变焦拍摄的照片效果如图8-4所示。

图 8-4　使用 7 倍变焦拍摄的照片效果

步骤 01 在相机界面中的“单拍”拍照模式中，点击对焦条上的7，如图8-5所示。

图 8-5　点击对焦条上的 7

步骤 02 让画面实现7×（7倍）变焦，调整俯仰角度和旋转角度进行构图，点击拍摄按钮◯，如图8-6所示，使用7倍变焦拍摄照片。

图 8-6　点击拍摄按钮

8.1.3　使用28倍变焦拍摄照片

扫码看教学视频　扫码看案例效果

在城市或居民区航拍时，因为长焦镜头可以在远距离之外聚焦特定目标，所以不能飞得过低或过于接近私人空间，这样会侵犯他人隐私。28倍是最大的变焦倍数，画质也是会变得很差。使用28倍变焦拍摄的照片效果如图8-7所示。

图 8-7　使用 28 倍变焦拍摄的照片效果

步骤 01 在DJI Fly App的相机界面中，点击拍摄模式按钮，在弹出的面板中，❶默认选择“拍照”选项；❷选择“探索”拍摄模式；❸点击拍摄画面，如图8-8所示，消除弹出的提示。

图 8-8　点击拍摄画面

步骤 02 用双指放大屏幕，放大到最大，即可实现28×（28倍）混合变焦，再调整俯仰角度和旋转角度，对房屋进行构图，❶点击房屋，确定曝光；❷点击拍摄按钮，如图8-9所示，使用28倍变焦拍摄照片。

图 8-9　点击拍摄按钮

※ 温馨提示

除了 3 倍和 7 倍，在探索模式下，可以实现任意焦段，如 9 倍、15 倍等。不过，28 倍是变焦的最大值，3 倍变焦画质最好。

8.2　进阶玩法

相较于使用长焦镜头拍摄照片，使用长焦镜头拍摄视频又能获得不一样的体验，这也是本节将要介绍的进阶玩法。不过，在使用长焦镜头拍摄视频的时候，无人机是运动的，画面也是压缩过的，因此无人机与主体之间，以及无人机与障碍物之间的距离，就不能根据画面来判断，这需要飞手在飞行的时候留意障碍物，避免炸机。

8.2.1　使用长焦拍摄旋转视频

扫码看教学视频　扫码看案例效果

使用长焦镜头航拍照片需要在拍照模式下进行，使用长焦镜头航拍视频则需要在录像模式下操作，视频效果如图8-10所示。

下面介绍如何使用长焦镜头拍摄旋转视频。

步骤 01 在DJI Fly App的相机界面中，点击对焦条上的3，❶设置3×（3倍）变焦；❷点击拍摄模式按钮，如图8-11所示。

图 8-10　视频效果

图 8-11　点击拍摄模式按钮

步骤 02 在弹出的面板中，❶选择“普通”录像模式；❷点击拍摄按钮，如图8-12所示，向右推动左侧的摇杆，拍摄旋转视频。

图 8-12　点击拍摄按钮

※ 温馨提示

在使用长焦镜头拍摄视频的时候，需要缓慢推杆，匀速推杆，这样可以让画面保持稳定和清晰。

8.2.2　使用长焦拍摄前飞视频

扫码看教学视频　扫码看案例效果

使用长焦镜头拍摄可以减少背景元素，让画面更加简洁，在拍摄具有纵深感的主体时，比如道路、小径等，就可以使用长焦镜头拍摄前飞视频，逐一展现画面，如图8-13所示。

图 8-13　使用长焦镜头拍摄前飞视频

拍摄方法如下：

① 让无人机飞升至一定的高度，向左拨动云台俯仰控制拨轮，调整角度为90°，俯拍公园，开启3倍变焦，并进行对称构图；

② 向上推动右侧的摇杆，让无人机前进飞行，拍摄前飞视频。

8.2.3 使用长焦拍摄侧飞视频

扫码看教学视频 扫码看案例效果

在使用长焦镜头拍摄侧飞视频的时候，需要选择具有线条感的主体，最好是直线，这样效果会更明显，如图8-14所示。

图 8-14 使用长焦镜头拍摄侧飞视频

拍摄方法如下：

① 向左拨动云台俯仰控制拨轮，微微俯拍道路，并开启7倍变焦；

② 向左推动右侧的摇杆，让无人机向左飞行，拍摄侧飞视频。

8.2.4 使用长焦拍摄延时视频

扫码看教学视频 扫码看案例效果

长焦镜头也可以用来拍摄延时视频，不过会受到环境的影响，如前景过近或者多，画面看起来会有轻微抖动；在有风的天气下，使用长焦镜头拍摄延时视频也会放大抖动。因此，尽量减少前景，并在微风或者无风天气下拍摄。使用长焦镜头拍摄的延时视频效果如图8-15所示。

图 8-15　使用长焦镜头拍摄的延时视频效果

下面介绍使用长焦镜头拍摄延时视频的方法。

步骤 01 在DJI Fly App的相机界面中，点击拍摄模式按钮，如图8-16所示。

图 8-16　点击拍摄模式按钮

步骤 02 在弹出的面板中，❶选择“延时摄影”选项；❷默认选择“自由延时”拍摄模式；❸点击按钮，如图8-17所示，消除提示。

图 8-17　点击相应的按钮

步骤03 ❶点击3，设置3×（3倍）变焦；❷点击拍摄按钮，如图8-18所示，拍摄和合成长焦延时视频。

图 8-18　点击拍摄按钮

8.2.5　拍摄“旱地拔葱”视频

扫码看教学视频　扫码看案例效果

旱地拔葱视频是最近比较流行的一种拍摄建筑的方法，拍摄此类视频需要无人机有长焦镜头。在拍摄时，需要先找到前景和目标建筑，并且边上升无人机，边让相机进行俯拍，如图8-19所示，该效果经过裁剪比例处理。

图 8-19　旱地拔葱视频画面

拍摄方法如下：

① 让无人机飞升至一定的高度，向右拨动云台俯仰控制拨轮，让无人机仰拍，并开启7倍变焦，借用树木作为前景；

② 向上推动左侧的摇杆，让无人机上升飞行；

③ 同时，向左拨动云台俯仰控制拨轮，让相机镜头慢慢地向下俯拍，并始终保持前景的画面占比不变，让前景后面的建筑慢慢耸立起来。

8.2.6　拍摄希区柯克变焦视频

扫码看教学视频　扫码看案例效果

希区柯克变焦也称为滑动变焦，是通过改变被拍摄主体与背景之间的距离，而保持主体本身大小不变的视觉效果，营造出一种空间扭曲感。在拍摄的时候，需要用到3倍变焦。视频效果如图8-20所示。

图 8-20　视频效果

拍摄方法如下：

步骤 01 在相机界面中，点击航点飞行按钮，如图8-21所示，开启航点飞行。

图 8-21　点击航点飞行按钮

步骤 02 在弹出的面板中，点击+按钮，如图8-22所示，添加航点1。

图 8-22　点击相应的按钮（1）

步骤 03 向上推动右摇杆，让无人机前进飞行一段距离，点击+按钮，如图8-23所示，添加航点2。

图 8-23　点击相应的按钮（2）

步骤 04 点击航点1，如图8-24所示。

图 8-24　点击航点 1

步骤 05 设置“相机动作”为“结束录像”，如图8-25所示。

图 8-25　设置“相机动作”为“结束录像”

步骤 06 ❶点击“变焦”按钮；❷拖曳滑块，设置3×（3倍）变焦；❸点击返回按钮〈，如图8-26所示。

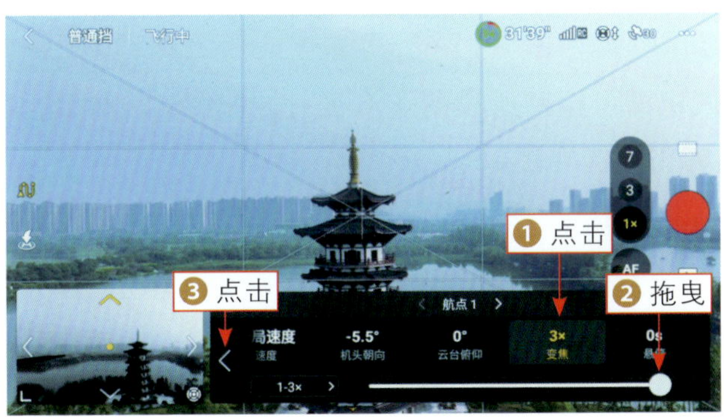

图 8-26　点击返回按钮（1）

步骤 07 点击航点2，❶设置“相机动作”为“开始录像”；❷点击返回按钮〈，如图8-27所示。

图 8-27　点击返回按钮（2）

步骤 08 点击更多按钮▪▪▪，弹出相应的面板，❶设置“全局速度”为3.9m/s；❷点击GO按钮，如图8-28所示。

图 8-28　点击 GO 按钮

步骤 09 无人机即可按照所设的航点飞行，如图8-29所示，在飞行的时候可以点击拍摄按钮●，拍摄视频。

图 8-29　无人机即可按照所设的航点飞行

第 9 章

延时摄影：渲染情感赋予画面生命力

无人机的延时摄影功能是无人机航拍中一个巨大的亮点，掌握这项功能，可以让你的无人机航拍水平再上升一个水平。在拍摄慢速或连续变化的场景时，如日出日落、云彩飘动、花开花落、城市夜景等，延时视频能给观众有一种与众不同的视觉体验。本章将为大家介绍用无人机进行延时摄影的方法。

9.1 做好拍摄前的准备

延时摄影能够压缩时间，将用几小时拍摄的画面，通过串联或者抽掉帧数的方式进行压缩，缩短时间播放，在视觉上给人震撼感。

如今，大疆生产的大部分无人机已经内置了延时拍摄功能，新手也可以轻松拍摄出电影级延时摄影大片。本节主要介绍航拍延时视频的相关注意事项，让大家做好拍摄前的准备。

9.1.1 掌握延时特点和拍摄要点

扫码看教学视频

航拍延时视频具有以下特点。

① 它可以浓缩时间，把航拍的20分钟时间在10秒钟内甚至是5秒钟内播放完毕，展现时间的飞逝。

② 航拍延时视频的时候，推荐大家以照片的形式进行拍摄，然后通过后期处理合成视频。照片所需的容量要比记录20分钟的视频空间要小很多，同时也为后期处理提供了空间。

③ 航拍延时视频的画质高，夜景快门速度可以延长至1秒拍摄，这样就可以轻松控制噪点。

④ 航拍延时视频可以进行长曝光，快门速度达到1秒后，车子的头灯和尾灯就会形成光轨，如图9-1所示。

图 9-1　光轨画面

⑤ 用户可以选择拍摄DNG格式的原片，后期调整的空间很大，这样可以让视频画质更高，保留更多的图像细节。

对于航拍延时视频，这里总结了一些经验与技巧。

① 飞行高度一定要尽量高，距离拍摄物体有一定的距离，可以在一定程度上忽略无人机带来的飞行误差，如图9-2所示。

图 9-2　飞行高度一定要尽量高

② 一定要采用边飞边拍的智能飞行模式拍摄，自动飞行远比停下来拍摄要稳定，也比手动操作稳定。

③ 飞行速度一定要慢，一是为了使无人机在相对稳定的速度下拍摄，使画面不至于模糊不清；二是因为航拍延时视频要拍摄几分钟左右，只有很慢的速度才能使最终的视频播放速度恰当，比如拍摄一段旋转下降的延时视频，如果飞行速度太快的话，那么旋转的速度就会很快，最终的视频画面可能会不稳，并且出现抖动。

④ 间隔越短越好。建议大家在拍摄时，最好设置两秒的拍摄间隔，也不要通过手动按快门的方式拍摄。

⑤ 避免前景过近，后景层次太多。无人机毕竟有误差，前景过近和后景层次太多都会影响后期画面的稳定性，无法修正视频抖动的情况。

⑥ 要熟悉无人机最慢可以接受的慢门速度。根据测试，在1.6s的快门速度下，延时视频的清晰度就会急剧下降，建议将快门速度控制在1s左右。

⑦ 建议在飞行前校准指南针，减缓定向延时、轨迹延时飞行方向的偏差。

⑧ 航拍延时视频的时候建议选择无风或微风的环境，因为风速过快会影响无人机的稳定性，风太大会导致延时成片画面出现抖动，建议在开始拍摄前通过目视或观察姿态球，判断无人机的姿态是否平稳。

⑨ 要避免强光闪烁，建议避免画面中出现户外大屏、舞台灯光等。

⑩ 为了避免成片主体不完整，建议在取景框内进行构图拍摄。

9.1.2 掌握准备流程

进行延时拍摄需要花费大量的时间成本，有时候需要好几个小时才能拍出一段理想的片子，如果不想自己拍出来的是废片，那么事先做好充足的准备，才能更好地提高出片效率。下面介绍几点延时航拍前的准备工作。

扫码看教学视频

① 存储卡在延时拍摄中很重要，在连续拍摄的过程中，如果SD卡存在缓存问题，就很容易导致画面卡顿，甚至漏拍。在拍摄前，最好准备一张大容量、高传输速度的SD卡，如图9-3所示。

图 9-3　准备大容量、高传输速度的 SD 卡

② 设置好拍摄参数，推荐大家用M挡拍摄，从而在拍摄中根据光线变化调整光圈、快门速度和ISO参数。

③ 建议打开保存原片设置，保存原片会给后期调整带来了更多的空间，也可以制作出4K分辨率的延时视频效果。

④ 白天拍摄延时视频的时候，建议配备ND64滤镜，降低快门速度为1/8s，达到延时视频比较自然的动感模糊效果。

⑤ 建议用户采用手动对焦，对准目标自动对焦完毕后，切换至手动模式，避免拍摄途中焦点漂移，导致拍摄出来的画面不清晰。

⑥ 由于拍摄延时影片的时间较长，建议让无人机在满电或者电量充足的情况下拍摄，避免无人机没电，影响拍摄效率。

9.1.3　认识延时模式

扫码看教学视频

建议新手用户在开始学习航拍延时视频的时候，可以先从无人机内置的延时功能开始学习，后续再根据拍摄需求增加自定义拍摄方法。下面介绍进入“延时摄影”模式的操作方法。

步骤 01 在DJI Fly App的相机界面中，点击拍摄模式按钮，如图9-4所示。

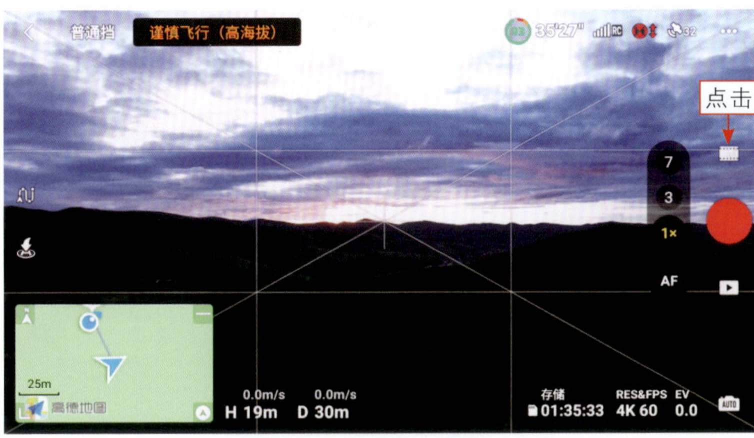

图 9-4　点击拍摄模式按钮

步骤 02 在弹出的面板中，❶选择“延时摄影”选项；❷会弹出4种延时拍摄模式，有自由延时、环绕延时、定向延时和轨迹延时，如图9-5所示。

图 9-5　弹出 4 种延时拍摄模式

9.1.4 设置拍摄格式

扫码看教学视频

在航拍延时视频的时候，一定要保存延时摄影的原片，否则在拍摄完成后，无人机只会合成一个1080p的延时视频，这个视频像素是满足不了用户使用需求的，只有保存了原片，后期调整空间才会更大，制作出来的延时视频效果才会更好看。

下面介绍设置拍摄格式保存RAW原片的操作方法，具体步骤如下。

步骤01 在飞行界面中点击拍摄模式按钮，进入相应的面板，❶选择“延时摄影”选项，默认进入“自由延时”模式；❷点击系统设置按钮•••，如图9-6所示。

图 9-6 点击系统设置按钮

步骤02 ❶点击“拍摄”按钮，进入“拍摄”设置界面；❷在“延时摄影”板块中选择RAW的原片类型，如图9-7所示。

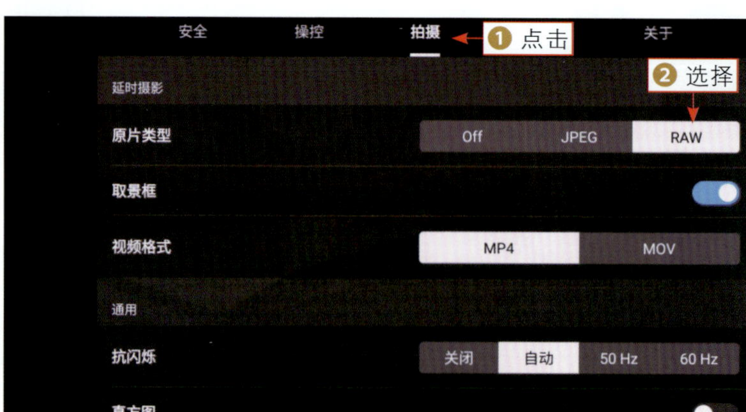

图 9-7 选择 RAW 的原片类型

步骤03 还有一个保存原片的方法，那就是在延时摄影模式下，❶点击右下角的“格式”按钮；❷在弹出的面板中选择RAW格式，如图9-8所示，即可完成保存RAW原片的设置。

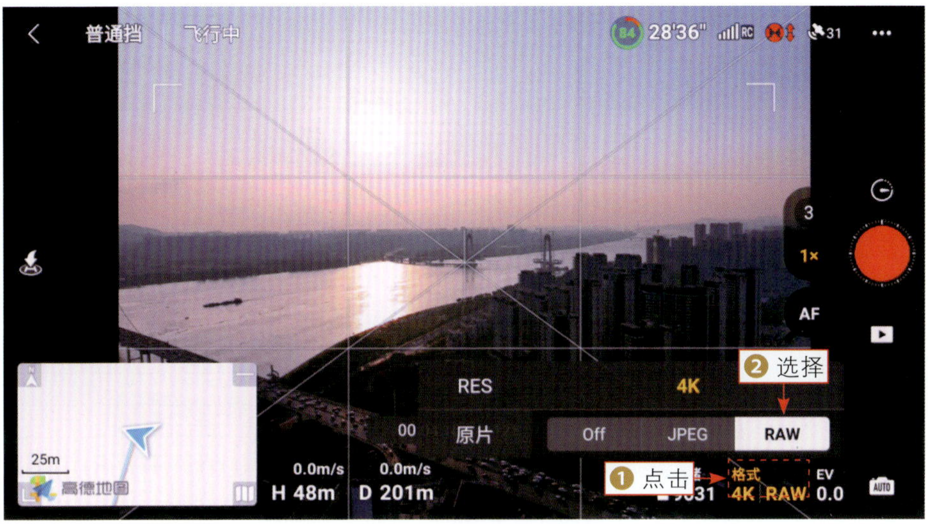

图 9-8　选择 RAW 格式

※ 温馨提示

RAW 格式原片的后期处理空间很大，可以在 Photoshop 或者 Lightroom 等软件中进行批量调色与处理，这样在合成延时视频的时候，就能使视频画面的色彩效果更加符合需求。

9.2　拍摄 4 种延时视频

目前大疆无人机包含4种延时模式。选择相应的延时拍摄模式后，无人机将在设定的时间内自动拍摄一定数量的序列照片，并生成延时视频。本节主要介绍4种延时摄影模式的用法，帮助大家学会拍摄延时视频。

9.2.1　自由延时

扫码看教学视频　扫码看案例效果

自由延时是唯一一个不用飞行就可以拍摄的延时模式，可以在地面拍摄，也可以在空中悬停拍摄。不过，随着定速巡航功能的更新，可以搭配自由延时一起使用，从而拍出大范围的移动延时视频。使用自由延时拍摄的视频效果如图9-9所示。

图 9-9　使用自由延时拍摄的视频效果

下面介绍使用自由延时拍摄视频的方法。

步骤 01 在DJI Fly App的相机界面中，点击拍摄模式按钮▭，如图9-10所示。

图 9-10　点击拍摄模式按钮

步骤 02 在弹出的面板中，❶选择“延时摄影”选项；❷默认选择“自由延时”拍摄模式；❸点击下拉按钮⌄，如图9-11所示。

图 9-11　点击下拉按钮

步骤 03 界面下方会显示拍摄间隔、视频时长和最大速度，点击“视频时长”按钮，如图9-12所示。

图 9-12　点击“视频时长”按钮

※ 温馨提示

不建议在大风环境下拍摄延时视频，因为会出现画面抖动的问题。

步骤 04 ❶设置“视频时长”为8s；❷点击✓按钮确认，如图9-13所示。

图 9-13　点击相应按钮（1）

步骤 05 点击“最大速度”按钮，如图9-14所示。

步骤 06 ❶设置“最大速度”为1.1m/s；❷点击✓按钮确认，如图9-15所示。

步骤 07 ❶框选主体，确保画面稳定；❷点击拍摄按钮●，如图9-16所示。

图 9-14　点击“最大速度”按钮

图 9-15　点击相应按钮（2）

图 9-16　点击拍摄按钮

步骤 08 无人机开始拍摄序列照片，如图9-17所示，在照片张数右侧有个 **+1s** 按钮，如果点击该按钮，最终合成的视频时长将增加1秒，拍摄张数会增加25张，拍摄时间也会延长。

图 9-17　无人机开始拍摄序列照片

步骤 09 照片拍摄完成后，弹出“正在合成视频”提示，右侧也会显示合成的进度，如图9-18所示。

图 9-18　弹出“正在合成视频”提示

步骤 10 待合成完毕后，弹出“视频合成完毕”提示，一段云朵变化风光延时视频即拍摄完毕，如图9-19所示。

图 9-19　弹出“视频合成完毕”提示

9.2.2　环绕延时

扫码看教学视频　扫码看案例效果

在“环绕延时”模式中，无人机可以自动根据飞手框选的目标计算环绕半径，然后飞手可以选择顺时针或者逆时针环绕拍摄。在选择环绕目标对象时，尽量选择位置没有明显变化的物体对象。使用“环绕延时”模式拍摄的视频效果如图9-20所示。

图 9-20　使用“环绕延时”模式拍摄的视频效果

下面介绍使用“环绕延时”模式拍摄延时视频的方法。

步骤 01 在DJI Fly App的相机界面中，点击拍摄模式按钮，如图9-21所示。

图 9-21　点击拍摄模式按钮

步骤 02 在弹出的面板中，❶选择“延时摄影”选项；❷选择“环绕延时”拍摄模式，如图9-22所示。

图 9-22　选择“环绕延时”拍摄模式

步骤 03 ❶用手指在屏幕中框选目标；❷设置“视频时长”参数为7s、“速度”参数为1.0m/s、“环绕方向”为顺时针；❸点击拍摄按钮，如图9-23所示。

步骤 04 无人机测算一段距离之后，开始围绕目标拍摄序列照片，拍摄完成之后，无人机会自动合成视频，合成成功之后，弹出“视频合成完毕”提示，一段日落环绕延时视频即拍摄完成，如图9-24所示。

图 9-23　点击拍摄按钮

图 9-24　弹出“视频合成完毕”提示

9.2.3　定向延时

扫码看教学视频　扫码看案例效果

“定向延时”模式通常应用于拍摄直线飞行的移动延时视频，并且可以利用“定向延时”模式拍摄甩尾效果。在“定向延时”模式下，一般默认当前无人机的朝向为飞行方向，如果不修改无人机的镜头朝向，则无人机向前飞行。使用“定向延时”模式拍摄的视频效果如图9-25所示。

下面介绍定向延时视频的拍摄方法。

步骤 01 在DJI Fly App的相机界面中，点击拍摄模式按钮▭，如图9-26所示。

图 9-25　使用“定向延时”模式拍摄的视频效果

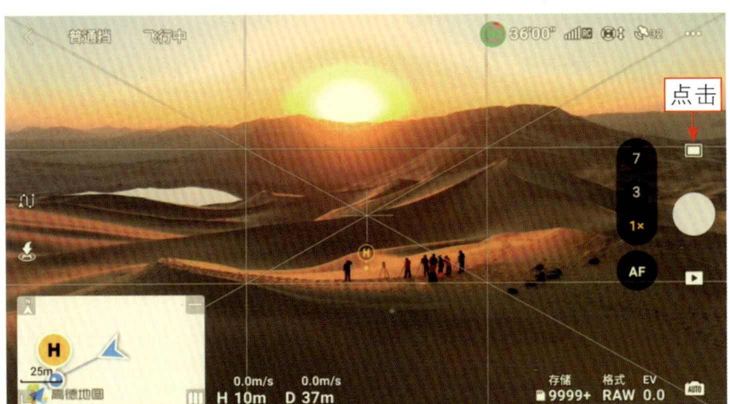

图 9-26　点击拍摄模式按钮

步骤 02 在弹出的面板中，❶选择“延时摄影”选项；❷选择“定向延时”拍摄模式；❸点击画面，如图9-27所示，消除提示。

图 9-27　点击画面

步骤 03 ❶点击太阳，调整画面曝光；❷点击锁定按钮，锁定航线；❸点击拍摄按钮，如图9-28所示。

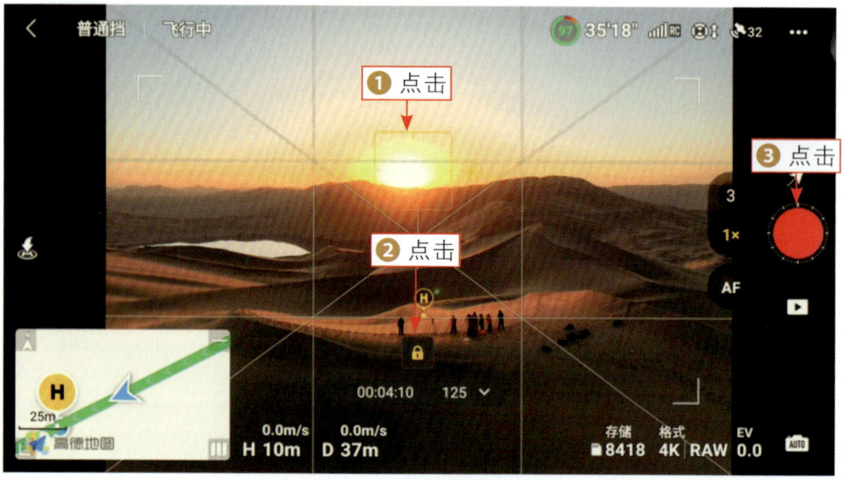

图 9-28　点击拍摄按钮

步骤 04 无人机完成序列照片的拍摄之后，会合成视频，❶弹出“视频合成完毕”提示；❷点击回放按钮，如图9-29所示。

步骤 05 在“全部”选项卡中选择最新拍摄的视频，如图9-30所示。

步骤 06 进入“低清预览”界面，预览合成好的延时视频，查看拍摄效果，如图9-31所示。

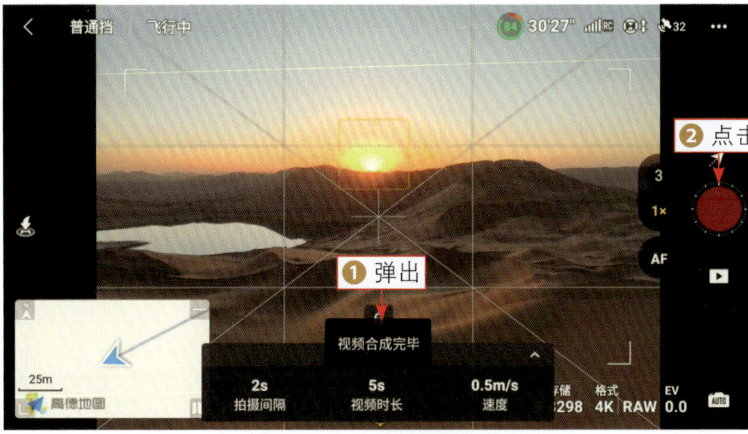

图 9-29　点击回放按钮

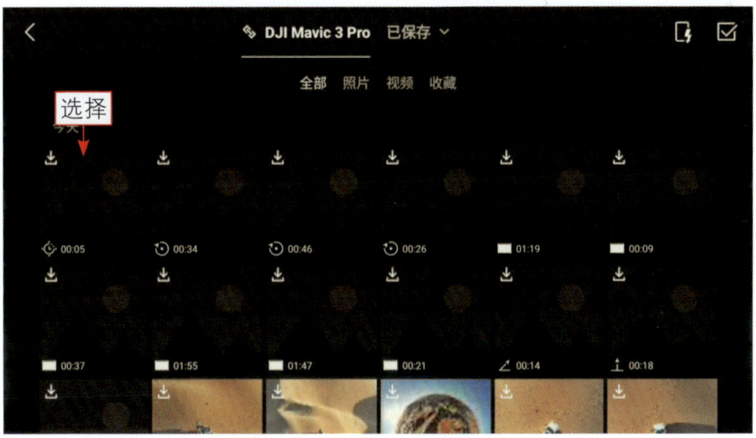

图 9-30　选择最新拍摄的视频

图 9-31　预览合成好的延时视频

9.2.4 轨迹延时

扫码看教学视频 扫码看案例效果

使用“轨迹延时”模式拍摄时，可以设置多个航点，不过主要是设置画面的起幅点和落幅点。在拍摄之前，用户需要提前让无人机沿着航线飞行，到达所需的高度，设定朝向后再添加航点，航点会记录无人机的高度、朝向和摄像头角度。

全部航点设置完毕后，无人机可以按正序或倒序的方式拍摄轨迹延时视频。使用“轨迹延时”模式拍摄的视频效果如图9-32所示。

图 9-32 使用“轨迹延时”模式拍摄的视频效果

下面介绍轨迹延时视频的拍摄方法。

步骤 01 在DJI Fly App的相机界面中，点击拍摄模式按钮，在弹出的面板中，❶选择“延时摄影”选项；❷选择“轨迹延时”拍摄模式；❸点击“请设置取景点”旁白的下拉按钮，如图9-33所示。

图 9-33　点击下拉按钮

步骤 02 点击按钮，设置无人机轨迹飞行的起幅点，如图9-34所示。

图 9-34　点击相应的按钮（1）

步骤 03 向下推动左摇杆，让无人机下降飞行，同时向上推动右摇杆，让无人机前进飞行，设置“镜头朝向变化”为3，点击按钮，添加落幅点，如图9-35所示。

图 9-35　点击相应的按钮（2）

步骤04 点击更多按钮，❶设置拍摄顺序为“逆序”，默认设置“拍摄间隔”参数为2s、“视频时长”参数为5s；❷点击拍摄按钮，如图9-36所示。

图 9-36　点击拍摄按钮

步骤05 序列照片拍摄完成后，弹出“正在合成视频”提示，如图9-37所示。

步骤06 之后弹出“视频合成完毕”提示，车流延时视频即拍摄完成，如图9-38所示。

图 9-37　弹出“正在合成视频”提示

图 9-38　弹出“视频合成完毕”提示

第 10 章
图片美化：提升照片的视觉效果和吸引力

醒图App是一款功能强大的后期修图App，无论是编辑照片，还是添加滤镜和调色，都十分方便。醒图App中不仅有各种各样的滤镜，还可以为照片添加文字和贴纸，为照片的调色和美化增加了更多奇趣体验。本章主要介绍如何在醒图App中对航拍照片进行基础调节和美化升级，让无人机航拍照片更加惊艳。

10.1　基本调节功能，调整照片画面

醒图App中的调节功能非常强大，而且都是非常基础的功能，学会这些基础的调节操作，能让你的图片处理水平提高一个级别。本节将为大家介绍如何在醒图App中对照片进行基础调节。

10.1.1　改变照片的比例

扫码看教学视频　扫码看案例效果

【效果对比】：利用醒图中的构图功能可以对照片进行裁剪、旋转和校正处理。下面为大家介绍如何对航拍照片进行构图处理，并改变画面的比例。比如，将横屏画面变成竖屏画面，并去除多余的背景，仅保留主体，原图与效果图对比如图10-1所示。

图 10-1　原图与效果图对比

改变照片比例的操作方法如下。

步骤 01 打开手机应用商店App，❶在搜索栏中输入并搜索“醒图”；❷在搜索结果中点击醒图右侧的“安装”按钮，如图10-2所示，下载醒图App。

步骤 02 稍等片刻，下载并安装成功之后，点击“打开”按钮，如图10-3所示。

步骤 03 进入醒图App的“修图”界面，点击“导入”按钮，如图10-4所示。

图 10-2　点击“安装”按钮

图 10-3　点击“打开”按钮

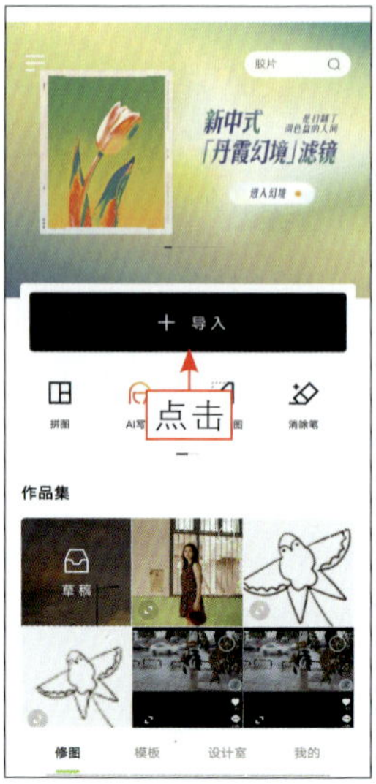

图 10-4　点击“导入”按钮

步骤 04 在“全部照片”界面中选择一张照片，如图10-5所示。

步骤 05 进入醒图编辑界面，❶切换至“调节”选项卡；❷选择“构图”选项，如图10-6所示。

图 10-5　选择一张照片

图 10-6　选择“构图”选项

步骤 06 ❶选择9：16选项，更改比例样式；❷调整图片的位置，确定构图；❸点击✓按钮，如图10-7所示。

步骤 07 预览效果，照片最终变成竖屏样式，裁掉了不需要的画面，主体更突出了，之后点击保存按钮，如图10-8所示，将照片保存至相册中。

图 10-7　点击相应的按钮

图 10-8　点击保存按钮

10.1.2　调整照片的曝光

扫码看教学视频　扫码看案例效果

【效果对比】：在逆光航拍的时候，由于背光，画面中的主体可能会很暗，这时可以调整曝光，提亮画面，原图与效果图对比如图10-9所示。

图 10-9　原图与效果图对比

调整照片曝光的操作方法如下。

步骤 01 在醒图App中导入照片素材，①切换至“调节”选项卡；②选择“光感”选项；③设置参数值为25，让画面变亮一些，如图10-10所示。

步骤 02 ①选择“亮度”选项；②设置参数值为14，提亮画面，如图10-11所示。

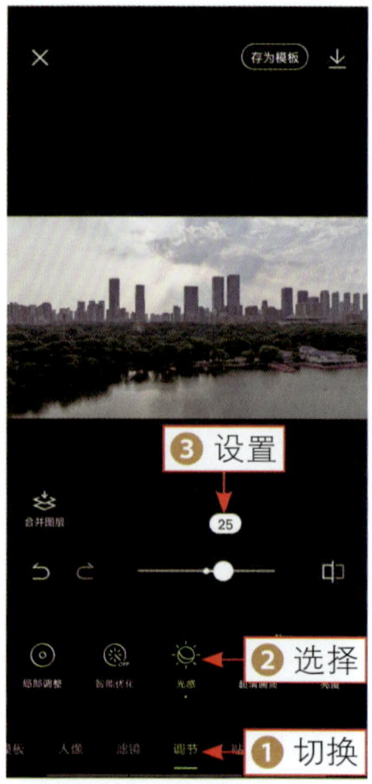

图 10-10　设置参数值为 25

图 10-11　设置参数值为 14

步骤 03 ❶选择“曝光”选项；❷设置参数值为20，继续增加曝光，让画面不那么暗，如图10-12所示。

步骤 04 ❶选择“自然饱和度”选项；❷设置参数值为78，让画面色彩更鲜艳，如图10-13所示。

图 10-12　设置参数值为 20

图 10-13　设置参数值为 78

10.1.3 校正照片色彩

扫码看教学视频 扫码看案例效果

【效果对比】：有时候航拍出来的照片色彩不是很好，这时可以在醒图App中还原肉眼看到的美景，获得一张心仪的照片，原图与效果图对比如图10-14所示。

图 10-14 原图与效果图对比

校正照片色彩的操作方法如下。

步骤 01 在醒图App中导入照片素材，❶切换至“调节”选项卡；❷选择“饱和度”选项；❸设置参数值为100，让照片色彩变鲜艳一些，如图10-15所示。

步骤 02 设置“自然饱和度”参数为100，继续让色彩变鲜艳一些，如图10-16所示。

步骤 03 设置“光感”参数为31，增加曝光，让画面变亮一些，如图10-17所示。

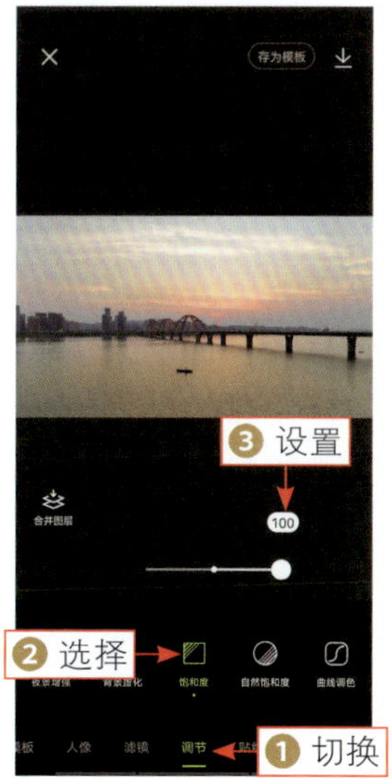

图 10-15 设置参数为 100

图 10-16 设置“自然饱和度”参数

图 10-17 设置“光感”参数

步骤 04 选择HSL选项，如图10-18所示。

步骤 05 ❶选择蓝色选项；❷设置“色相”参数为-21、“饱和度”参数为100、“明度”参数为-23，调整画面中的蓝色，增强色彩对比，如图10-19所示。

图 10-18 选择 HSL 选项

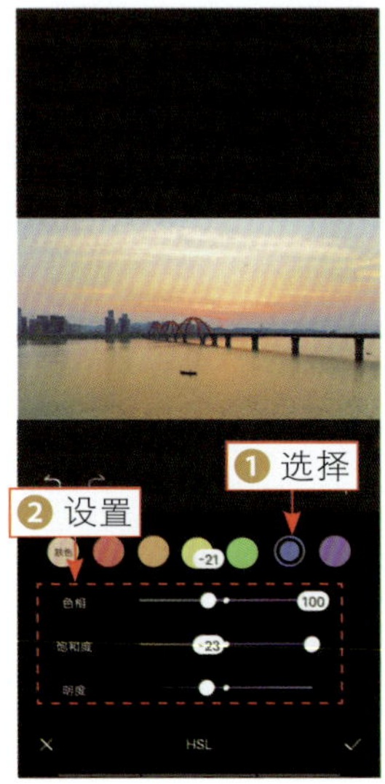

图 10-19 设置相应的参数

10.1.4 智能优化照片

扫码看教学视频 扫码看案例效果

【效果对比】：利用醒图App里的智能优化功能可以一键处理照片，优化原图的色彩和明度，让画面更加靓丽，原图与效果图对比如图10-20所示。

图 10-20 原图与效果图对比

智能优化照片的操作方法如下。

步骤 01 在醒图App中导入照片素材，❶切换至“调节”选项卡；❷选择

“智能优化”选项，优化照片画面，如图10-21所示。

步骤 02 设置“光感”参数为46，增加曝光，提亮画面，如图10-22所示。

图 10-21　选择“智能优化”选项

图 10-22　设置“光感”参数

步骤 03 设置“色温”参数为-40，让蓝色区域的色彩更蓝，如图10-23所示。

步骤 04 设置“色调”参数为-9，让绿色区域的色彩稍微绿一些，如图10-24所示。

图 10-23　设置“色温”参数

图 10-24　设置“色调”参数

步骤05 设置“对比度”参数为32，提高画面的明暗对比度，如图10-25所示。

步骤06 设置“结构”参数为43，让画面边缘变清晰一些，如图10-26所示。

图 10-25　设置“对比度”参数

图 10-26　设置“结构”参数

10.1.5　局部调整照片

扫码看教学视频　扫码看案例效果

【效果对比】：通过局部调整能够提高局部的亮度，也可以降低局部的亮度。下面主要是把天空部分提亮，让天空的色彩更美丽，原图与效果图对比如图10-27所示。

图 10-27　原图与效果图对比

局部调整照片的操作方法如下。

步骤01 在醒图App中导入照片素材，❶切换至“调节”选项卡；❷选择“局部调整”选项，如图10-28所示。

步骤 02 进入“局部调整”界面，弹出相应的操作步骤提示，如图10-29所示。

图 10-28　选择“局部调整”选项

图 10-29　进入“局部调整”界面

步骤 03 ①点击画面上方天空的位置，添加一个点；②向右拖曳滑块，设置“亮度”参数为100，提亮天空的亮度，如图10-30所示。

步骤 04 设置“饱和度”参数为100，提高天空区域色彩的鲜艳程度，如图10-31所示。

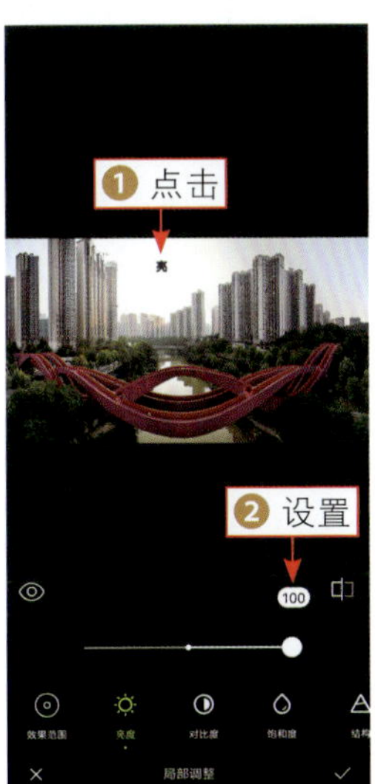

图 10-30　设置“亮度”参数

图 10-31　设置“饱和度”参数

步骤 05 ❶设置“色温”参数为100，让天空区域的色彩偏暖色调；❷点击✓按钮，如图10-32所示。

步骤 06 设置“自然饱和度”参数为72，让照片整体的色彩更加鲜艳，如图10-33所示。

图 10-32　点击相应按钮

图 10-33　设置“自然饱和度”参数

10.2　美化升级功能，为照片增加质感

醒图App中有滤镜功能，可以对照片一键调色；可以给照片添加文字和贴纸；还有拼图功能，可以把多张图片拼接在一起；利用消除笔功能则可以把不需要的画面内容消除掉；可以套用模板快速出图；利用AI玩法还可以实现天马行空的图片效果。本节将为大家介绍这些常用功能的具体应用。

10.2.1　添加滤镜美化照片

扫码看教学视频　扫码看案例效果

【效果对比】：为了让照片更有质感，通过在醒图App中添加相应的风景滤镜，就可以让航拍的风光照片更加靓丽，原图与效果图对比如图10-34所示。

添加滤镜美化照片的操作方法如下。

步骤 01 在醒图App中导入照片素材，❶切换至“滤镜”选项卡；❷在“风景”选项卡中选择“花园”滤镜，进行初步调色，如图10-35所示。

图 10-34　原图与效果图对比

步骤 02 ❶切换至“调节”选项卡；❷选择“光感”选项；❸设置参数值为44，增加曝光，提亮画面，如图10-36所示。

步骤 03 ❶选择“自然饱和度”选项；❷设置参数值为63，让画面色彩更加鲜艳，如图10-37所示。

图 10-35　选择“花园”滤镜

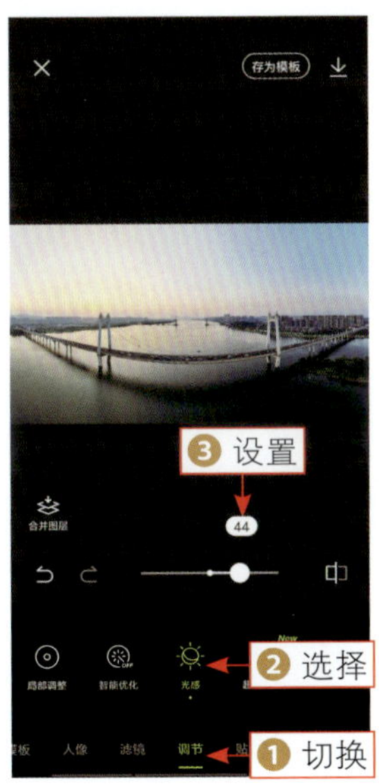

图 10-36　设置“光感”参数

图 10-37　设置“自然饱和度”参数

※ 温馨提示

在醒图 App 中有各种不同风格和类型的滤镜，大家可以根据照片的风格选择合适的滤镜。

步骤 04 设置“色调”参数为53，让天空中的紫色更明显，如图10-38所示。

步骤 05 设置“对比度”参数为22，稍微提高画面的明暗对比度，如图10-39所示。

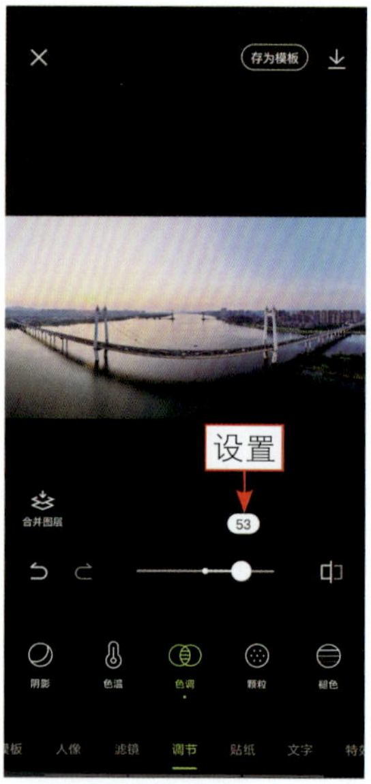

图 10-38　设置“色调”参数

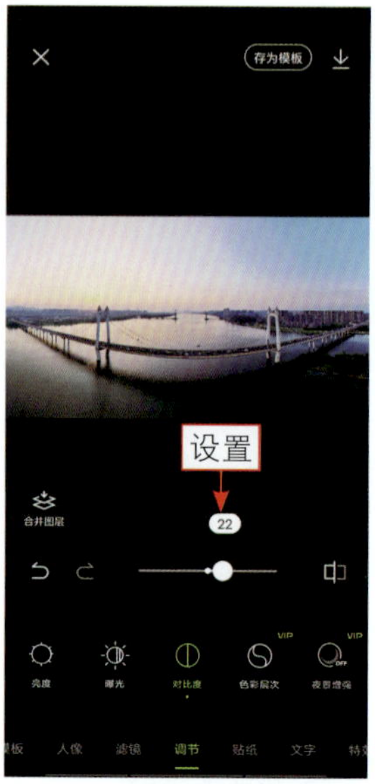

图 10-39　设置“对比度”参数

10.2.2　添加文字和贴纸

扫码看教学视频　扫码看案例效果

【效果对比】：醒图App里的文字和贴纸样式非常丰富，用户可以通过关键词添加贴纸。添加文字和贴纸可以点明主题并增加趣味性，原图与效果图对比如图10-40所示。

图 10-40　原图与效果图对比

添加文字和贴纸的操作方法如下。

步骤 01 在醒图App中导入照片素材，切换至“文字”选项卡，如图10-41所示。

步骤 02 弹出相应的面板，❶切换至“时间”选项卡；❷选择一款文字模板；❸更改文字内容，如图10-42所示。

图 10-41　切换至“文字”选项卡

图 10-42　更改文字内容

步骤 03 ①调整时间文字的大小和位置，使其处于画面的右下角；②点击“新建文本”按钮，如图10-43所示，添加文字。

步骤 04 ①输入文字内容；②在“字体”|“手写”选项卡中选择字体；③调整文字的大小和位置；④点击✓按钮，如图10-44所示。

图 10-43　点击“新建文本”按钮

图 10-44　点击相应的按钮

步骤05 切换至“贴纸”选项卡，如图10-45所示。

步骤06 ❶在搜索栏中输入并搜索“风车”；❷在搜索结果中选择贴纸；❸调整贴纸的大小和位置，如图10-46所示。

图 10-45　切换至“贴纸”选项卡

图 10-46　调整贴纸的大小和位置

10.2.3　多图拼接玩法

扫码看教学视频　扫码看案例效果

【效果对比】：在醒图App中通过导入多张照片就能实现多图拼接，让多张照片可以同时出现在一个画面中，制作高级感拼图，原图与效果图对比如图10-47所示。

图 10-47　原图与效果图对比

多图拼接的操作方法如下。

步骤 01 打开醒图App，在“修图”界面中点击“拼图”按钮，如图10-48所示。

步骤 02 ❶依次选择相册里的3张照片；❷点击“完成”按钮，如图10-49所示。

步骤 03 ❶在“拼图”选项卡选择9：16选项；❷选择一个样式；❸点击保存按钮 ，如图10-50所示，下载并保存拼图照片。

图 10-48　点击“拼图”按钮

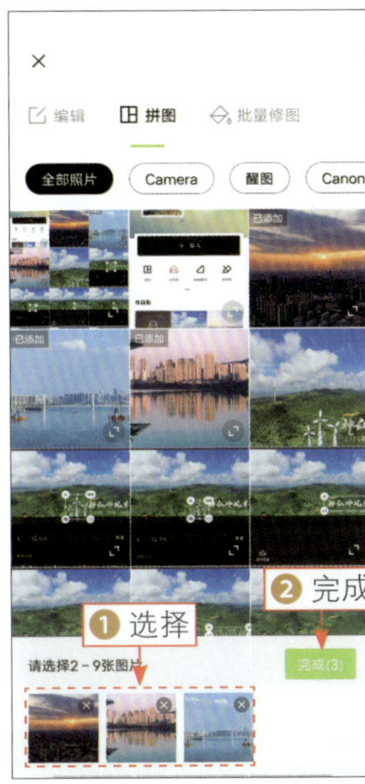

图 10-49　点击“完成”按钮

图 10-50　点击保存按钮

※ 温馨提示

除了拼图玩法，还有长图拼接玩法，在“长图拼接”选项卡中可以把多张图片通过头尾相接的方式组接在一起，不过最多只能组接 9 张照片。

10.2.4　消除笔去除瑕疵

扫码看教学视频　扫码看案例效果

【效果对比】：使用消除笔可以去除画面中不需要的部分，也就是去除瑕疵，主要是通过涂抹的方式来完成，步骤十分简单。下面介绍如何用消除笔去掉画面中的路人，原图与效果图对比如图10-51所示。

图 10-51　原图与效果图对比

使用消除笔去除瑕疵的操作方法如下。

步骤 01 在醒图App中导入照片素材，❶切换至“人像”选项卡；❷选择“消除”选项，如图10-52所示。

步骤 02 ❶双指在画面分开，放大图片；❷设置“画笔大小”参数为42，如图10-53所示。

步骤 03 涂抹画面中的路人，如图10-54所示。

图 10-52　选择“消除”选项

图 10-53　设置“画笔大小”参数

图 10-54　涂抹画面中的路人

步骤 04 稍等片刻，即可去除路人，如图10-55所示，如果去除得不成功，可以点击↶按钮，撤回操作，然后再次涂抹画面。

步骤 05 同理，通过放大画面和涂抹的方式，去除画面中剩下的路人及瑕疵区域，如图10-56所示。

图 10-55　去除路人

图 10-56　去除剩下的路人

10.2.5　套模板一秒出片

扫码看教学视频　扫码看案例效果

【效果对比】：醒图App中有很多模板，一键就能套用，出图很快。在醒图App中套用模板的方法也有很多，下面将介绍3种方法，原图与效果图对比如图10-57所示。

图 10-57　原图与效果图对比

套模板一秒出片的操作方法如下。

步骤 01 在醒图App中导入照片素材，自动进入“模板”选项卡，在“热门”选项卡中选择一款模板，查看模板效果，如图10-58所示。

步骤 02 点击✕按钮回到“修图”界面，点击搜索栏，如图10-59所示。

图 10-58　选择一款模板

图 10-59　点击搜索栏

步骤 03 ❶输入并搜索“日系”；❷在“模板”选项卡中点击所选模板下方的“使用”按钮，如图10-60所示。

步骤 04 在“全部照片”界面中选择照片，如图10-61所示。

图 10-60　点击“使用”按钮（1）

图 10-61　选择照片

步骤 05 即可套用模板，点击☒按钮，如图10-62所示，回到“修图”界面。

步骤 06 在“修图”界面中选择“春日手写诗”板块，如图10-63所示。

图 10-62　点击相应的按钮

图 10-63　选择“春日手写诗”板块

步骤 07 在“春日手写诗”界面中点击所选模板下方的“使用”按钮，如图10-64所示，在“全部照片”界面中选择照片。

步骤 08 即可套用模板，查看画面效果，最后点击保存按钮⬇，如图10-65所示，将照片保存至相册中。

图 10-64　点击“使用”按钮（2）

图 10-65　点击保存按钮

10.2.6 新奇的AI玩法功能

扫码看教学视频　扫码看案例效果

【效果对比】：人工智能（Artificial Intelligence，AI）绘画是现在很流行的一种玩法，能让照片变得截然不同，又充满想象的空间。在醒图App中有多种玩法可选，操作十分简单，原图与效果图对比如图10-66所示。

图 10-66　原图与效果图对比

使用AI玩法功能的操作方法如下。

步骤 01 在醒图App中导入照片素材，切换至“玩法”选项卡，如图10-67所示。

步骤 02 在“换天”选项卡中选择“星系银河”选项，实现AI换天，如图10-68所示。

图 10-67　切换至“玩法”选项卡

图 10-68　选择“星系银河”选项

第 11 章

视频剪辑：对视频进行加工制作成片

剪映App是一款十分火热的视频剪辑软件，大部分抖音用户都会用其进行剪辑操作。本章主要介绍如何在剪映App中用AI功能制作视频，以及对单个视频和多个素材的剪辑处理，包含剪辑时长、添加音乐、添加文字等操作。学习这些剪辑技巧，让大家在学会无人机航拍之后，还能快速制作成品视频。

11.1 使用剪映 AI 功能快速智能成片

本节主要介绍如何使用剪映的AI功能快速智能成片，在操作的时候，用户只需要准备好素材即可，之后就能快速出片。

11.1.1 套用模板制作视频

扫码看教学视频 扫码看案例效果

【效果展示】：在使用模板功能一键生成视频时，需要注意素材的类型，是视频还是图片，以及素材的个数。用户还可以搜索模板进行套用，效果展示如图11-1所示。

图 11-1 效果展示

使用模板制作视频的操作方法如下。

步骤 01 打开手机应用商店App，❶在搜索栏中输入并搜索“剪映”；❷在搜索结果中点击剪映右侧的“安装”按钮，如图11-2所示，下载剪映App。

步骤 02 稍等片刻，下载安装成功之后，点击“打开”按钮，如图11-3所示，打开剪映App。

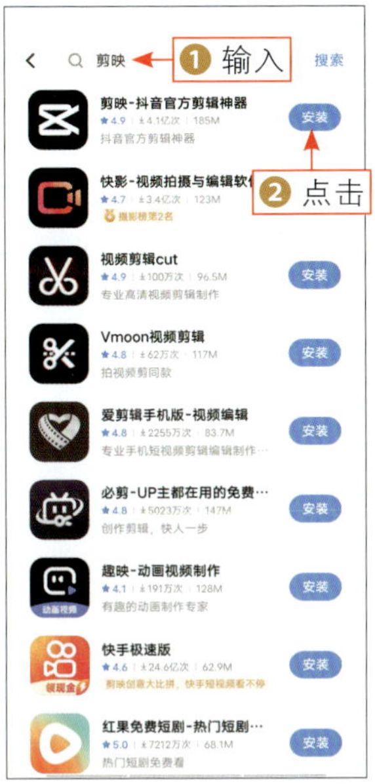

图 11-2　点击“安装”按钮

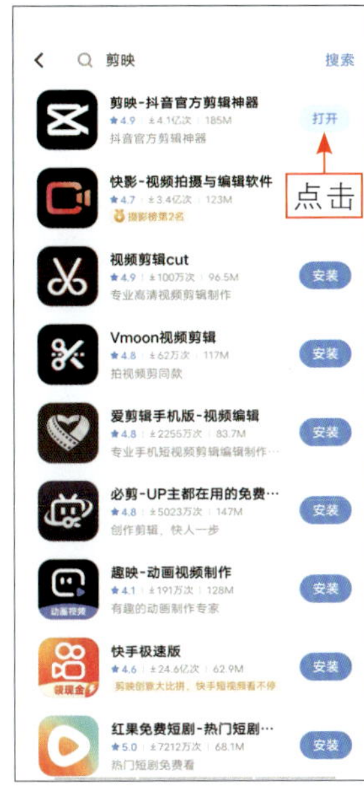

图 11-3　点击“打开”按钮

步骤03 在“剪辑”界面中点击“开始创作”按钮，如图11-4所示。

步骤04 进入“照片视频”界面，❶在“视频”选项卡中选择视频；❷选中“高清”复选框；❸点击“添加”按钮，如图11-5所示。

图 11-4　点击“开始创作”按钮

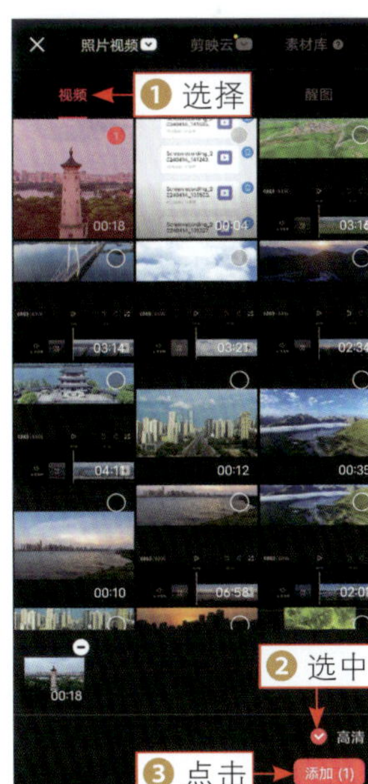

图 11-5　点击“添加”按钮

步骤 05 在一级工具栏中点击“模板”按钮，如图11-6所示。

步骤 06 弹出相应的面板，点击搜索栏，❶输入并搜索“希区柯克”；❷在搜索结果中选择一款模板，如图11-7所示。

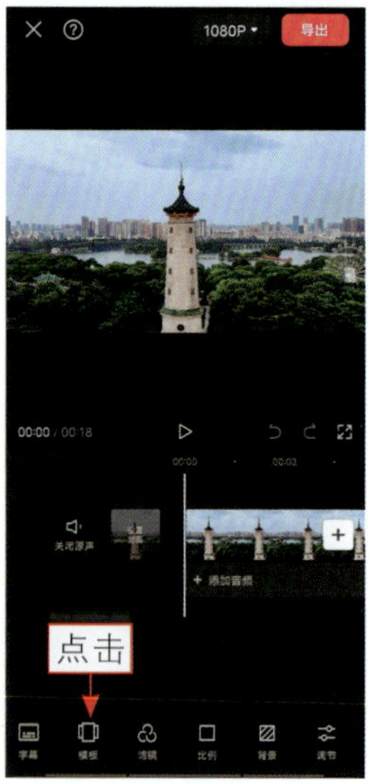

图 11-6　点击“模板”按钮

图 11-7　选择一款模板

步骤 07 进入相应的界面，点击“去使用”按钮，如图11-8所示。

步骤 08 进入“照片视频”界面，❶在“视频”选项卡中选择视频；❷点击“下一步”按钮，如图11-9所示。

图 11-8　点击“去使用”按钮

图 11-9　点击“下一步”按钮

步骤 09 预览视频，确定效果之后，点击“完成”按钮，如图11-10所示。

步骤 10 进入视频编辑界面，❶选择原始视频素材；❷点击“删除”按钮，如图11-11所示，删除多余的素材，再点击“导出”按钮，导出成品视频。

图 11-10　点击“完成”按钮

图 11-11　点击“删除”按钮

11.1.2　使用剪同款功能制作视频

扫码看教学视频　扫码看案例效果

【效果展示】：下面介绍如何使用剪同款功能制作剪映同款航拍大片效果，这样就能快速制作出爆款短视频，效果展示如图11-12所示。

图 11-12　效果展示

使用剪同款功能制作视频的操作方法如下。

步骤 01 打开剪映App，❶点击“剪同款”按钮，进入“剪同款”界面；❷在界面中点击上方的搜索栏，如图11-13所示。

步骤 02 ❶输入并搜索“航拍城市”；❷选择相应的模板，如图11-14所示。

图 11-13　点击上方的搜索栏

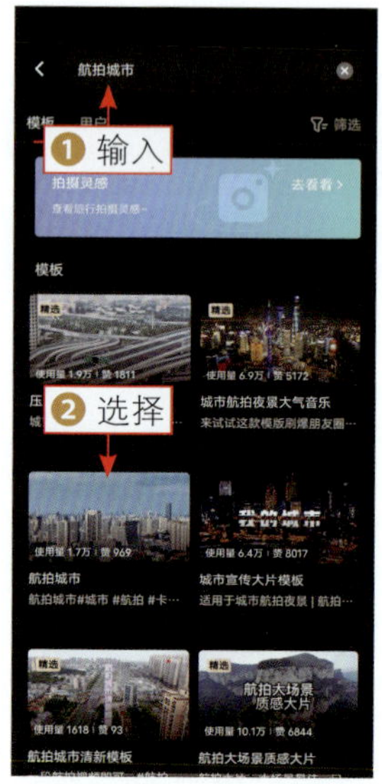

图 11-14　选择相应的模板

步骤 03 进入相应的界面，点击右下角的“剪同款”按钮，如图11-15所示。

步骤 04 ❶在“视频”选项卡中依次选择5段航拍视频；❷点击“下一步”按钮，如图11-16所示。

图 11-15　点击“剪同款”按钮

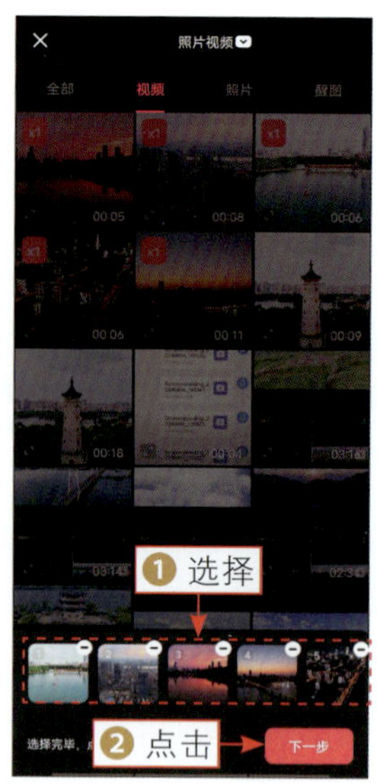

图 11-16　点击“下一步”按钮

步骤 05 预览视频，确定效果后，点击“导出”按钮，如图11-17所示。

步骤 06 弹出“导出设置”面板，❶设置分辨率参数为1080p；❷点击按钮，如图11-18所示，把视频导出至本地相册中。

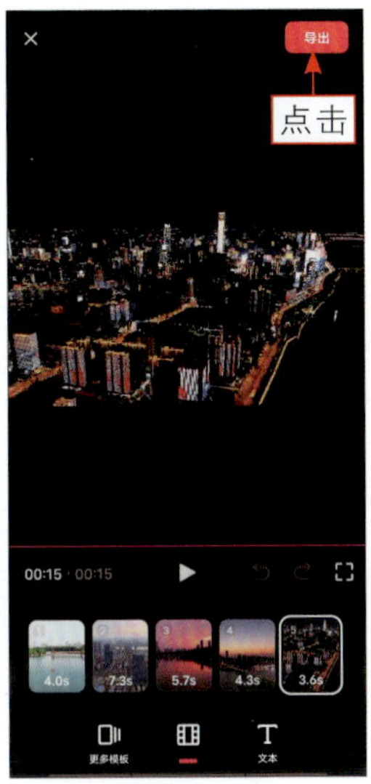

图 11-17　点击“导出”按钮

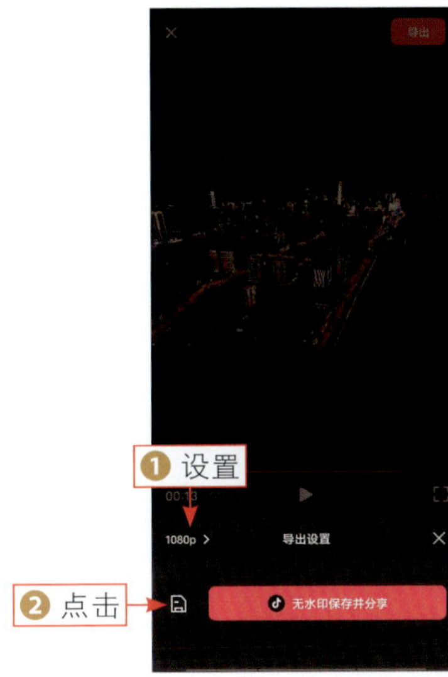

图 11-18　点击相应的按钮

11.1.3　使用一键成片功能制作视频

扫码看教学视频　扫码看案例效果

【效果展示】：本节介绍使用一键成片功能制作视频的方法，不过需要注意的是，即使是相同的素材，剪映每次生成的视频也会不一样，效果展示如图11-19所示。

图 11-19　效果展示

使用一键成片功能制作视频的操作方法如下。

步骤 01 进入“剪辑”界面，在其中点击“一键成片”按钮，如图11-20所示。

步骤 02 进入“照片视频”界面，❶在“视频”选项卡中选择4段视频素材；❷点击搜索栏，如图11-21所示。

步骤 03 ❶输入“旅拍大片”；❷点击“下一步”按钮，如图11-22所示。

图 11-20　点击“一键成片”按钮

图 11-21　点击搜索栏

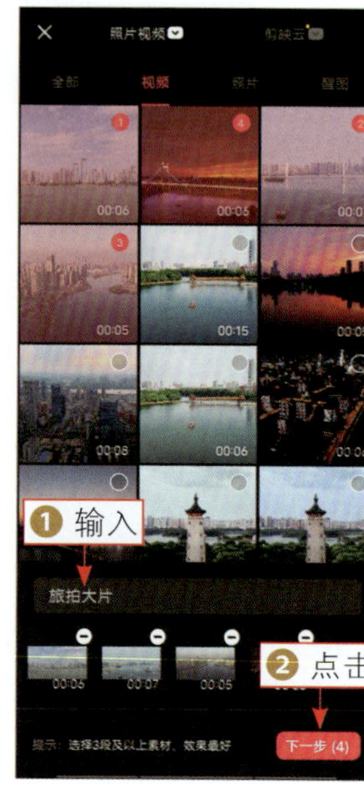

图 11-22　点击“下一步”按钮

步骤 04 稍等片刻，即可生成一段视频，❶在“推荐”选项卡中选择模板；❷如果对效果满意，点击“导出”按钮，如图11-23所示。

步骤 05 弹出“导出设置”面板，❶设置分辨率参数为1080p；❷点击🖫按钮，如图11-24所示，把视频导出至本地相册中。

※ 温馨提示

除了设置1080p的分辨率，还可以设置4K画质，不过内存占比会比较大。

图 11-23　点击“导出”按钮

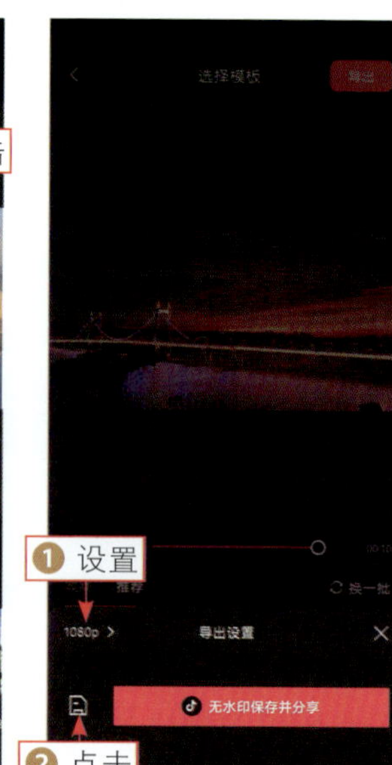

图 11-24　点击相应的按钮

11.2　掌握剪辑单个视频的技巧

扫码看案例效果

大家航拍完一段视频之后，在分享视频之前，可以在剪映手机版中对拍摄的单个视频进行后期处理，再分享至朋友圈或短视频平台。本节将为大家介绍单个视频的处理流程。本案例的最终视频效果如图11-25所示。

图 11-25　效果展示

11.2.1　剪辑航拍视频的时长

扫码看教学视频

在剪映手机版中剪辑视频的第一步就是导入视频素材，这样才能进行后续的操作和处理。在剪映手机版中导入航拍视频之后，就可以用剪辑功能快速裁剪视频的时长，只留下自己想要的片段。下面介绍剪辑航拍视频的时长的操作方法。

步骤 01 在手机中下载好剪映App之后，点击剪映图标，如图11-26所示。

步骤 02 在“剪辑”界面中点击“开始创作”按钮，如图11-27所示。

图 11-26　点击剪映图标

图 11-27　点击“开始创作”按钮

步骤 03 ❶在“照片视频”界面中选择视频素材；❷选中“高清”复选框；❸点击“添加”按钮，如图11-28所示。

步骤 04 即可把视频素材导入到剪映App中，❶选择视频素材；❷拖曳时间线至视频第3s左右的位置；❸点击“分割”按钮，如图11-29所示，分割视频素材。

步骤 05 ❶选择分割后的第1段视频片段；❷点击“删除”按钮，如图11-30所示，删除不需要的视频片段，视频时长将变为10s。

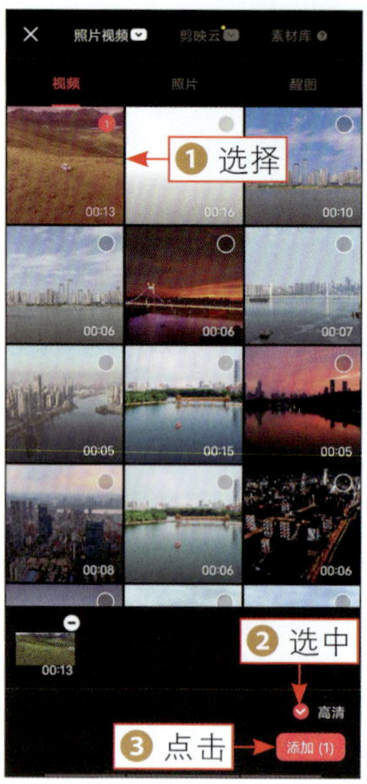

图 11-28 点击“添加”按钮

图 11-29 点击“分割”按钮

图 11-30 点击“删除”按钮

※ 温馨提示

在剪映 App 中，除了使用“分割”和“删除”功能剪辑视频的时长，还可以拖曳素材左右两侧的白色边框，调整视频的时长。

11.2.2 添加滤镜给视频调色

扫码看教学视频

用无人机拍摄的视频，视频画面会受到天气和设备的影响，导致画质的清晰度和色彩会受到一定的影响，整体的视频画面不太出彩。

为了让视频画面更具有吸引力，用户可以为视频添加滤镜进行调色。下面介绍通过添加滤镜给视频调色的操作方法。

步骤 01 ❶选择视频素材；❷点击“滤镜”按钮，如图11-31所示，进入“滤镜”选项卡。

步骤 02 ①切换至“风景”选项卡；②选择“椿和”滤镜，添加滤镜初步调色，如图11-32所示。

图 11-31　点击“滤镜”按钮

图 11-32　选择“椿和”滤镜

步骤 03 ①切换至“调节”选项卡；②选择“对比度”选项；③设置参数值为18，提高画面的明暗对比度，如图11-33所示。

步骤 04 ①选择“饱和度”选项；②设置参数值为15，让画面色彩更加艳丽，如图11-34所示。

图 11-33　设置“对比度”参数

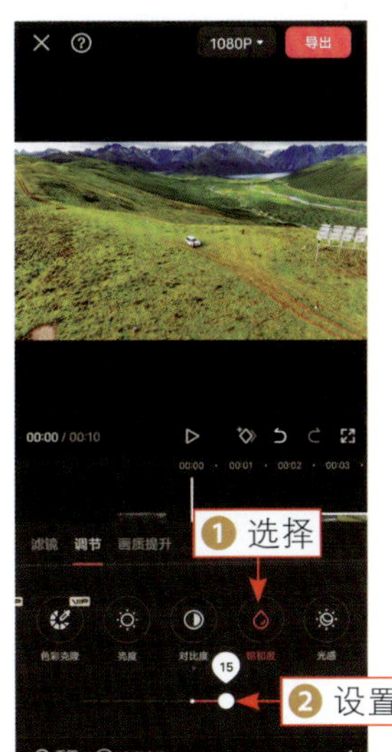

图 11-34　设置“饱和度”参数

步骤 05 设置“色温”参数为-10，让画面偏冷色调，如图11-35所示。

步骤 06 设置“色调”参数为-3，微微增加绿色调，如图11-36所示。

图 11-35　设置“色温”参数

图 11-36　设置“色调”参数

11.2.3　为视频添加背景音乐

扫码看教学视频

背景音乐是航拍视频中必不可少的，能为视频增加亮点。通过提取音乐功能，用户还可以将其他视频中的背景音乐添加到自己的视频中。下面介绍为视频添加背景音乐的操作方法。

步骤 01 在视频起始位置点击“音频”按钮，如图11-37所示。

步骤 02 在弹出的二级工具栏中点击“提取音乐”按钮，如图 11-38 所示。

步骤 03 ❶在“照片视频”界面中选择视频素材；❷点击“仅导入视频的声音”按钮，如图11-39所示，添加音乐。

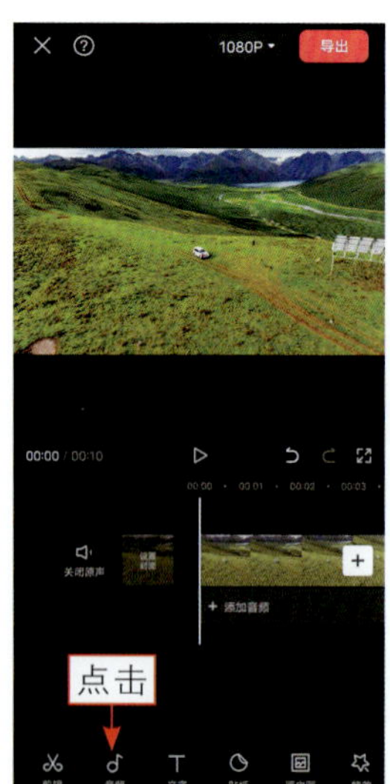

图 11-37　点击“音频”按钮

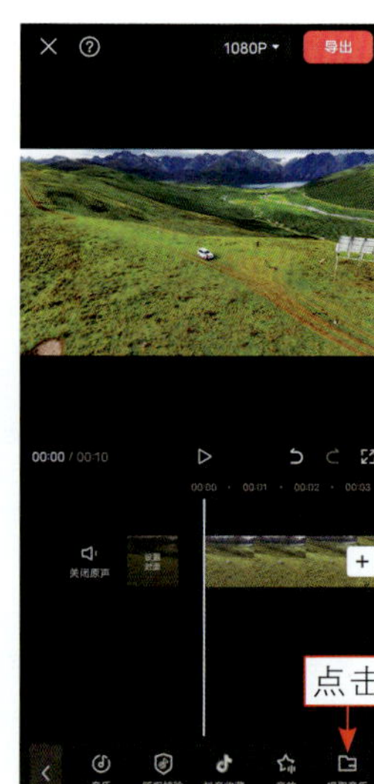

图 11-38　点击“提取音乐”按钮

步骤 04 ❶选择音频素材；❷在视频的末尾位置点击“分割”按钮，如图11-40所示，分割音频素材。

步骤 05 ❶默认选择第2段音频素材；❷点击“删除”按钮，如图11-41所示，删除多余的音频素材。

图 11-39　点击相应按钮

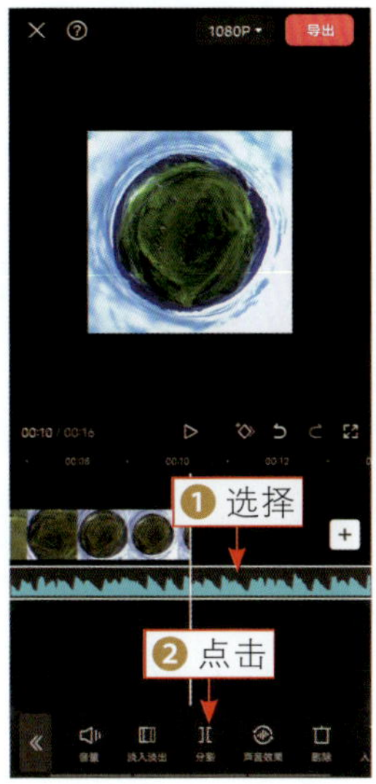

图 11-40　点击“分割”按钮

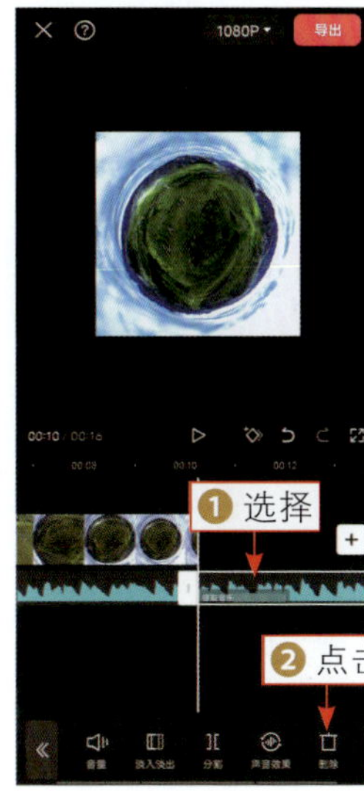

图 11-41　点击“删除”按钮

※ 温馨提示

在剪映手机版中有多种添加音乐的方式，比如从剪映曲库中添加音乐、从抖音收藏中添加音乐等。在剪映中添加音乐的时候，还需要注意音乐的版权，尽量选择可商用的音乐，避免侵权。

11.2.4　为视频添加画面特效

扫码看教学视频

为了让视频画面丰富有趣，可以为视频添加合适的特效，增加画面内容，让开场和结尾片段更有创意。下面介绍为视频添加画面特效的操作方法。

步骤 01 在视频的起始位置点击“特效”按钮，如图11-42所示。

步骤 02 在弹出的二级工具栏中点击“画面特效”按钮，如图11-43所示。

步骤 03 ❶切换至“动感”选项卡；❷选择“心跳”特效，如图11-44所示。

步骤 04 点击✓按钮，调整“心跳”特效的时长，使其末尾位置处于视频第1s的位置，如图11-45所示。

步骤 05 在视频第9s的位置点击“画面特效”按钮，如图11-46所示。

步骤 06 ❶切换至“基础”选项卡；❷选择“闭幕Ⅱ”特效，如图11-47所示。

图 11-42　点击“特效”按钮

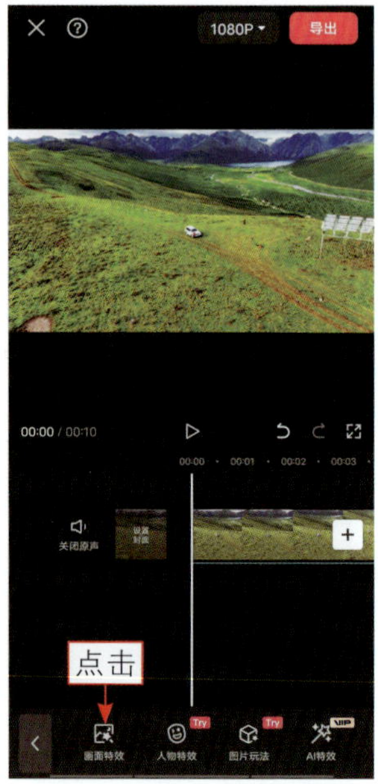

图 11-43　点击“画面特效”按钮

图 11-44　选择“心跳”特效

图 11-45　调整特效的时长

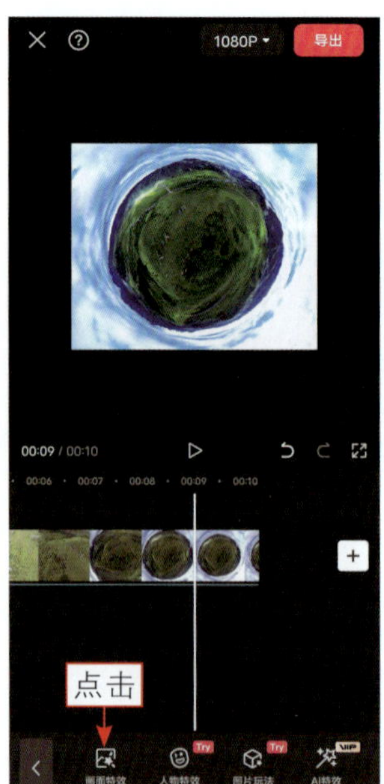

图 11-46　点击相应的按钮

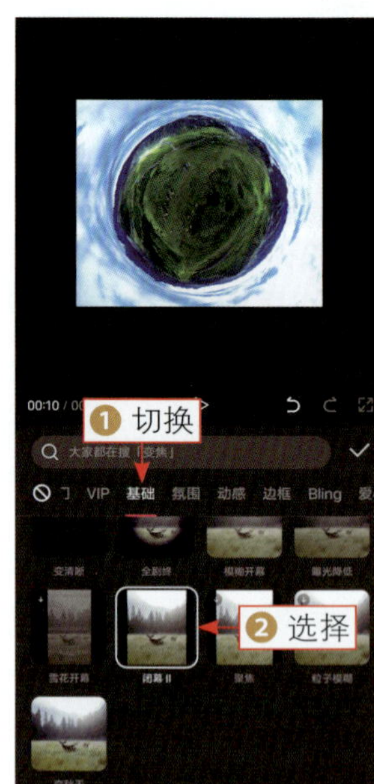

图 11-47　选择“闭幕Ⅱ”特效

※ 温馨提示

除了"基础"和"动感"特效，剪映中还有"氛围""边框""金粉""爱心""自然""光""复古""扭曲""电影""综艺""潮酷""投影""分屏""纹理""漫画""暗黑"等特效。

11.2.5　添加标题并导出视频

扫码看教学视频

为视频添加标题文字，可以点明视频主题。在导出视频的时候，可以设置封面、"帧率"、"分辨率"和"码率"等参数，导出之后还可以分享至抖音平台。下面介绍添加标题并导出视频的操作方法。

步骤01 在视频起始位置点击"文字"按钮，如图11-48所示。

步骤02 在弹出的二级工具栏中点击"文字模板"按钮，如图11-49所示。

步骤03 ❶切换至"运动"选项卡；❷选择一款文字模板；❸更改文字内容，把文字改为"一键短片"；❹点击⇅按钮，如图11-50所示。

图 11-48　点击"文字"按钮

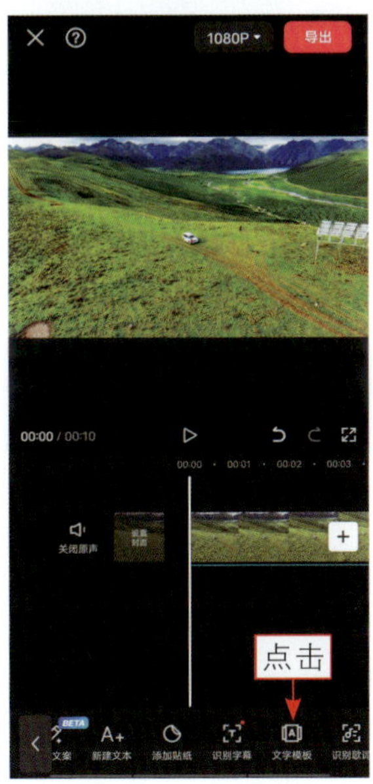

图 11-49　点击"文字模板"按钮

图 11-50　点击相应的按钮（1）

步骤04 更改文字内容，把文字改为"小行星"，如图11-51所示。

步骤05 ❶调整文字的大小和位置；❷点击✓按钮，如图11-52所示。

步骤06 点击视频素材左侧的"设置封面"按钮，如图11-53所示。

步骤07 ❶在"视频帧"选项卡中滑动选择一帧画面作为封面；❷点击"保存"按钮，如图11-54所示。

图 11-51　更改文字内容

图 11-52　点击相应的按钮（2）

图 11-53　点击“设置封面”按钮

步骤 08 为了设置视频的参数，点击 1080P 按钮，如图11-55所示。

步骤 09 ①设置“分辨率”参数；②点击“导出”按钮，如图11-56所示，导出成品视频。

图 11-54　点击“保存”按钮

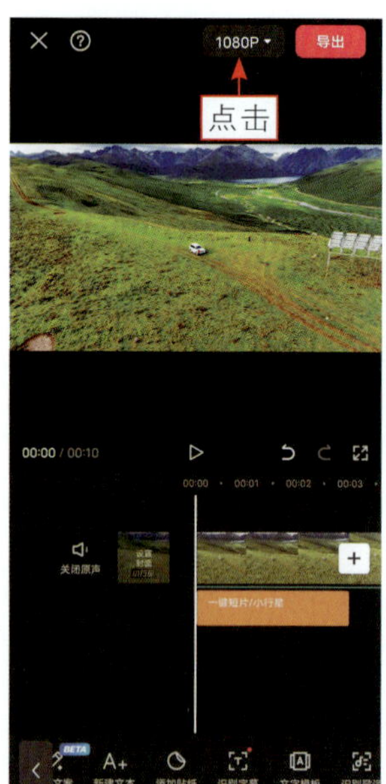

图 11-55　点击相应的按钮（3）

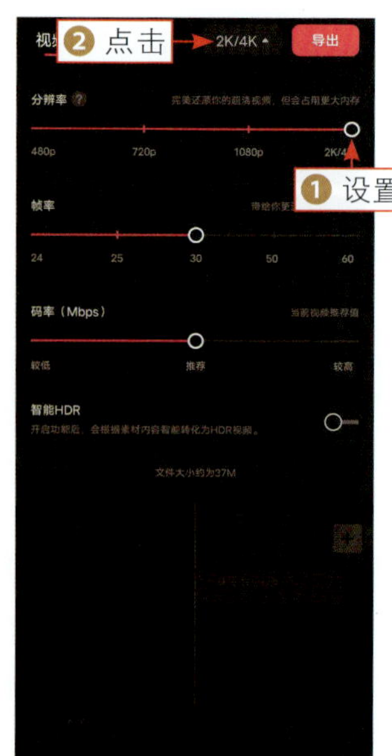

图 11-56　点击“导出”按钮

步骤 10 导出成功之后，点击“抖音”按钮，如图11-57所示。

步骤 11 在弹出的界面中点击“下一步”按钮，如图11-58所示。

步骤 12 编辑相应的内容，如图11-59所示，点击“发布”按钮，即可发布视频至抖音平台中。

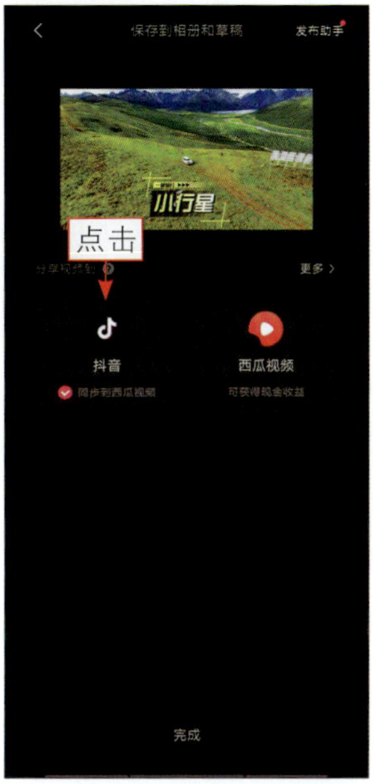

图 11-57　点击“抖音”按钮

图 11-58　点击“下一步”按钮

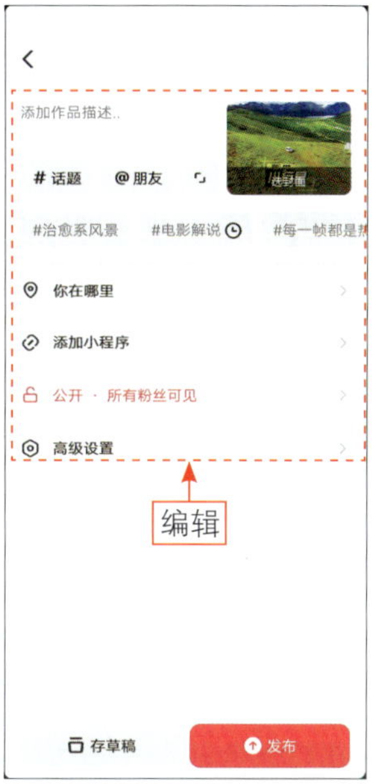

图 11-59　编辑相应的内容

11.3　掌握剪辑多段视频的流程

扫码看案例效果

对于多个视频，在剪辑处理上的操作会比单个作品多一些，但大部分操作都是差不多的，大家可以多练习、提炼和总结要点。本节将为大家介绍多个视频的剪辑流程。本案例的最终效果如图 11-60 所示。

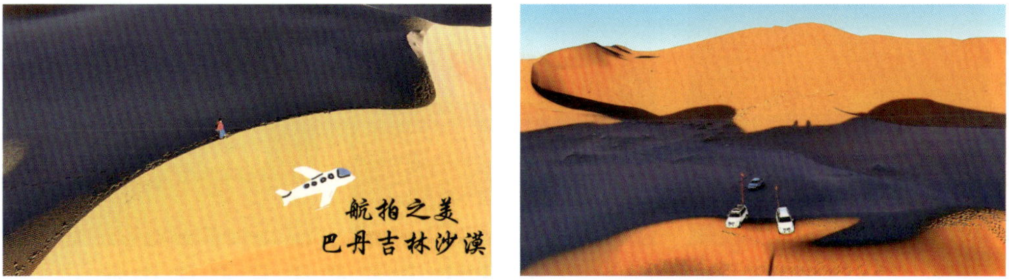

图 11-60

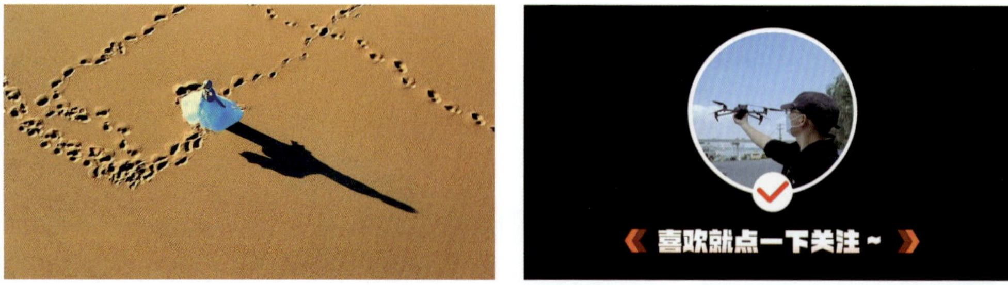

图 11-60 效果展示

11.3.1 添加多段视频和卡点音乐

在剪映手机版中添加多段视频时，需要将其按顺序依次导入，导入多段视频之后，再添加卡点音乐。下面介绍添加多段视频和卡点音乐的操作方法。

扫码看教学视频

步骤 01 打开剪映App，点击“开始创作”按钮，如图11-61所示。

步骤 02 ❶在“照片视频”界面中依次选择7段视频素材；❷选中“高清”复选框；❸点击“添加”按钮，如图11-62所示。

步骤 03 按顺序添加视频素材，点击“音频”按钮，如图11-63所示。

图 11-61 点击“开始创作”按钮

图 11-62 点击“添加”按钮

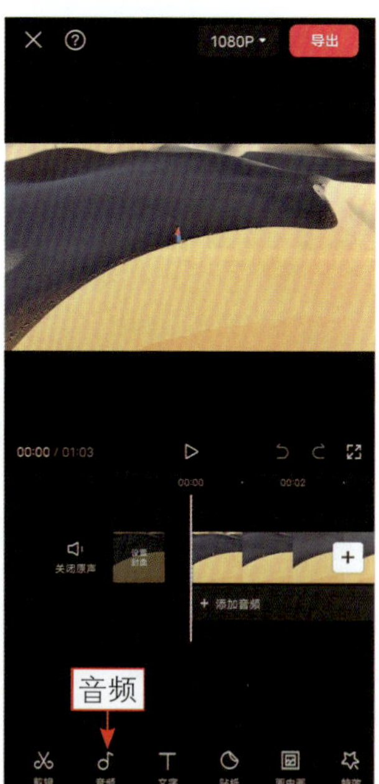

图 11-63 点击“音频”按钮

步骤 04 在弹出的二级工具栏中点击“提取音乐”按钮，如图11-64所示。

步骤 05 ❶在“照片视频”选项卡中选择视频素材；❷点击“仅导入视频的声音”按钮，如图11-65所示，添加卡点音乐至音频轨道中。

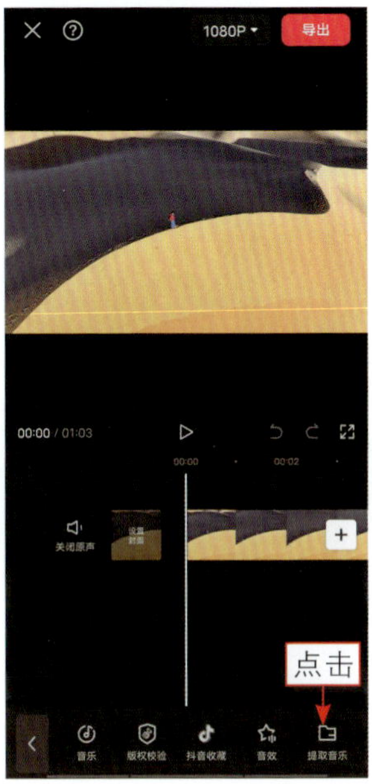

图 11-64　点击“提取音乐”按钮

图 11-65　点击“仅导入视频的声音”按钮

※ 温馨提示

在组接视频素材的时候，可以按照时间、空间等逻辑顺序进行排序；也可以按照运镜方向一致的方式组接镜头，并插入合适的特写镜头，增加画面的层次感。

11.3.2　设置变速效果和剪辑时长

扫码看教学视频

为视频素材设置“曲线变速”效果，可以使其播放速度忽快忽慢，并能配合音乐的节奏进行变化，最后再调整素材的时长，对齐音乐节拍点。下面介绍设置变速效果和剪辑时长的操作方法。

步骤 01 ❶选择音频素材；❷点击“节拍”按钮，如图11-66所示。

步骤 02 弹出“节拍”面板，❶点击“自动踩点”按钮，添加黄色的节拍点；❷点击✓按钮，如图11-67所示。

步骤 03 ❶选择第1段视频素材；❷向左拖曳第1段视频素材右侧的白色边框，设置其时长为2.7s，如图11-68所示。

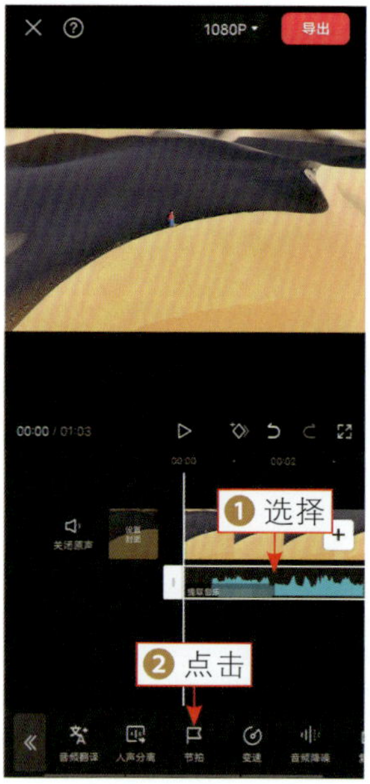

图 11-66　点击“节拍”按钮

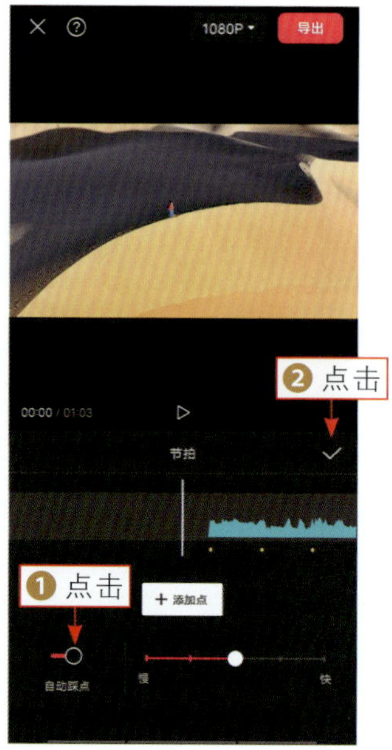

图 11-67　点击相应按钮

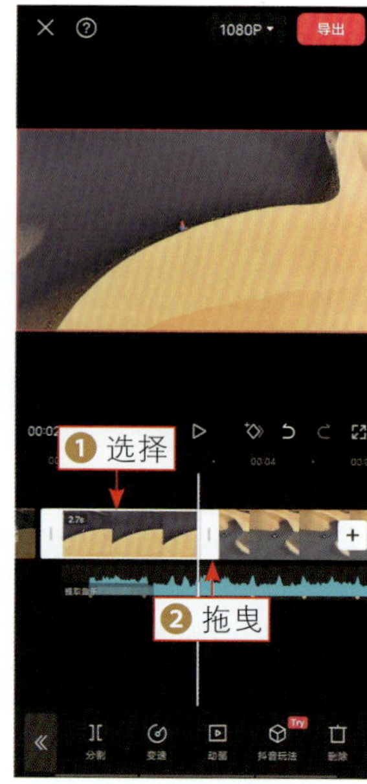

图 11-68　拖曳白色边框

步骤 04 ❶选择第2段素材；❷点击“变速”按钮，如图11-69所示。

步骤 05 在弹出的工具栏中点击“曲线变速”按钮，如图11-70所示。

步骤 06 在“曲线变速”面板中选择“蒙太奇”选项，如图11-71所示。

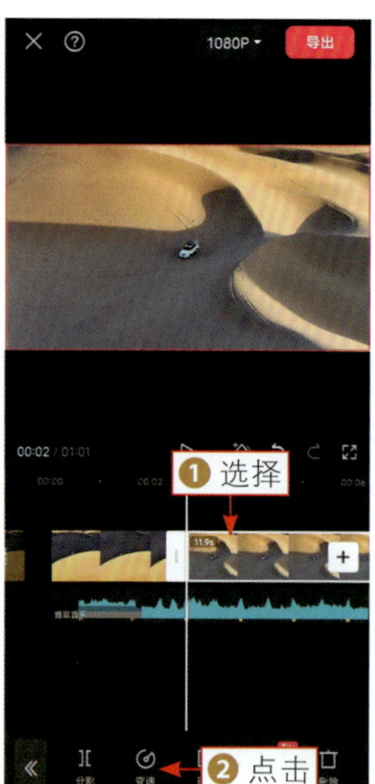

图 11-69　点击“变速”按钮

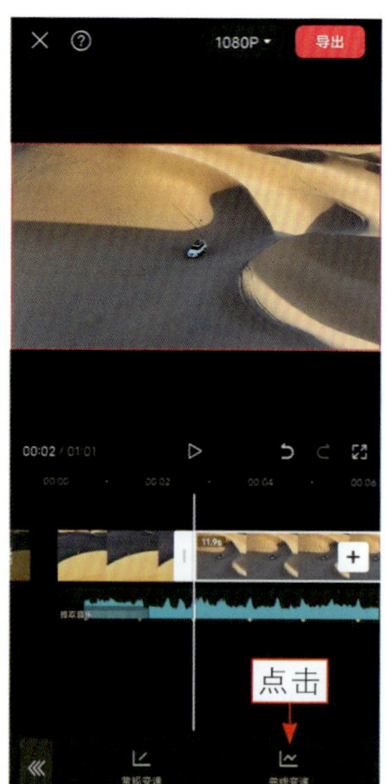

图 11-70　点击“曲线变速”按钮

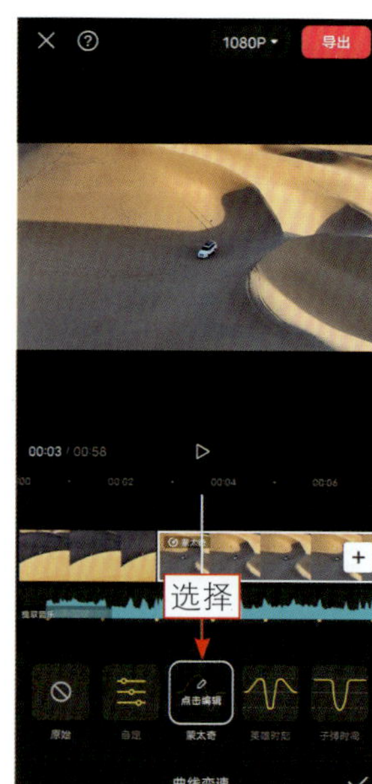

图 11-71　选择“蒙太奇”选项

步骤 07 ❶选择第3段素材；❷继续选择“蒙太奇”选项，如图11-72所示。

步骤 08 ❶选择第4段素材；❷选择“英雄时刻”选项，如图11-73所示，剩下的3段素材都选择“蒙太奇”曲线变速选项。

步骤 09 设置第2至第6段素材的时长为2.1s，第7段素材的时长则为2.6s，大致对齐音频素材中的黄色节拍点，如图11-74所示。

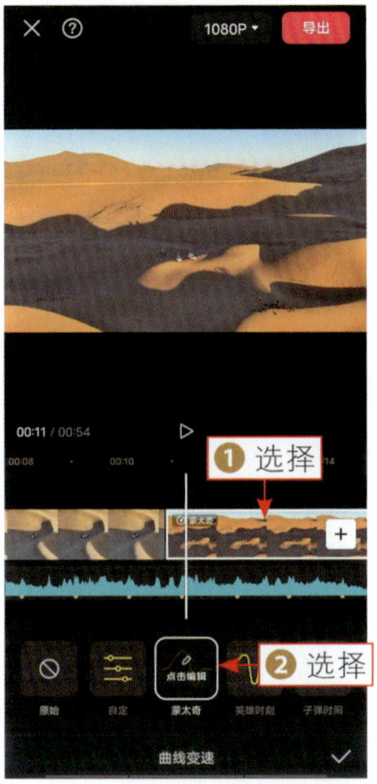

图 11-72　选择相应的选项

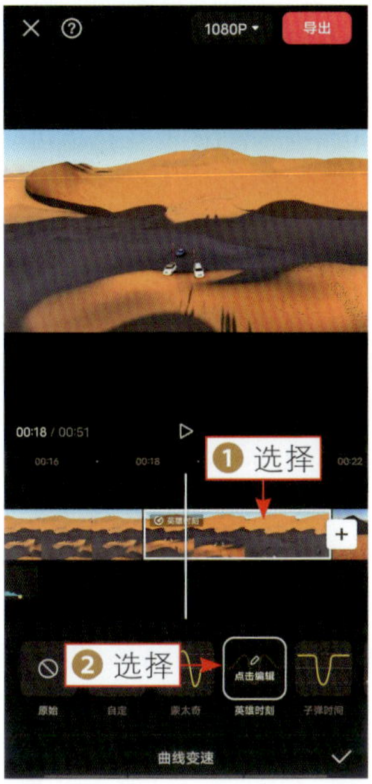

图 11-73　选择“英雄时刻”选项

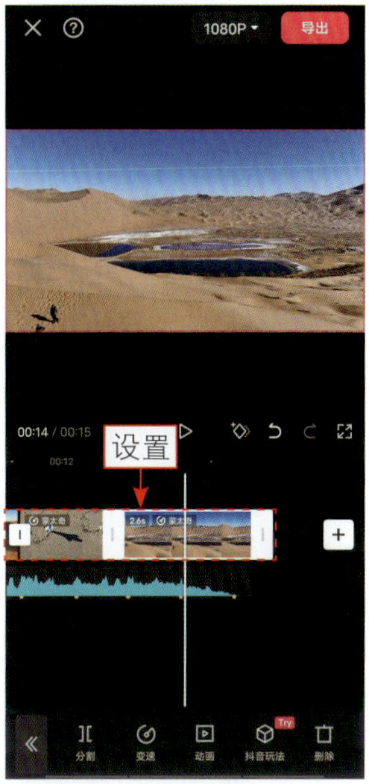

图 11-74　设置素材的时长

11.3.3　设置转场和添加炫酷特效

扫码看教学视频

转场是在有两段以上素材的时候才能设置的效果，设置合适的转场效果，可以让视频画面过渡得更加自然。为了让画面变得动感又炫酷，可以为视频添加相应的动感特效，为画面增加亮点。下面介绍设置转场和添加炫酷特效的操作方法。

步骤 01 点击第1段素材与第2段素材之间的转场按钮▯，如图11-75所示。

步骤 02 弹出“转场”面板，❶切换至“运镜”选项卡；❷选择“推近”转场；❸点击“全局应用”按钮，在所有素材之间都添加同样的转场，如图11-76所示。

步骤 03 ❶拖曳时间线至第3段素材中间左右的位置；❷依次点击“特效”按钮和“画面特效”按钮，如图11-77所示。

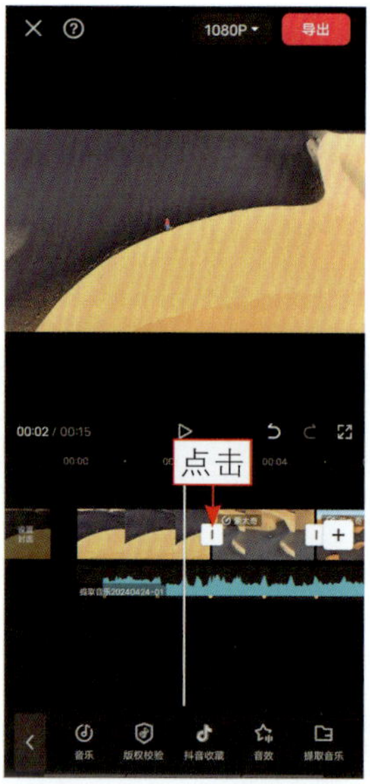

图 11-75　点击转场按钮

图 11-76　点击“全局应用”按钮

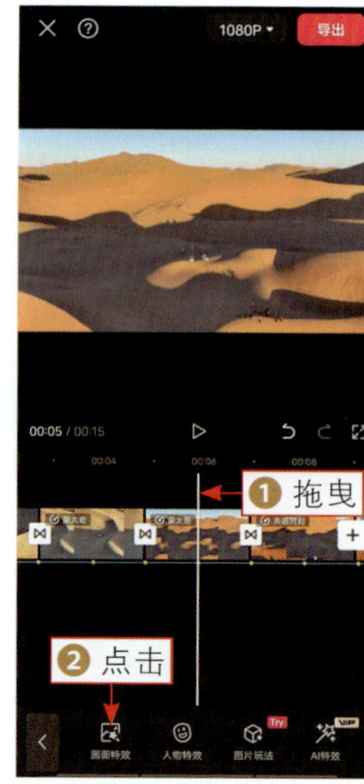

图 11-77　点击“画面特效”按钮

步骤 04 弹出相应的面板，❶切换至“动感”选项卡；❷选择“闪黑Ⅱ”特效；❸点击✓按钮确认操作，如图11-78所示。

步骤 05 调整特效的时长，使其与第3段素材的末尾位置对齐，如图11-79所示。

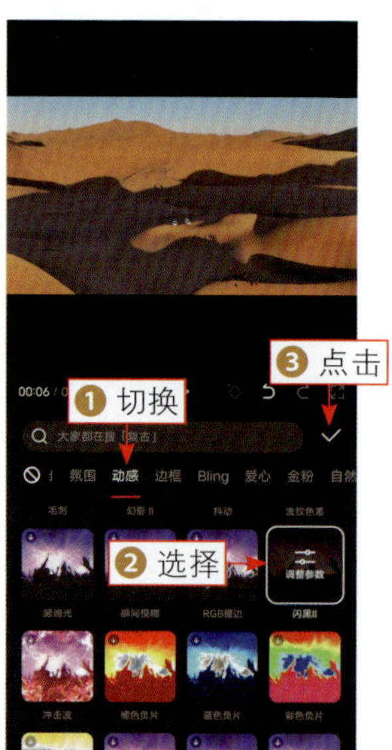

图 11-78　点击相应按钮

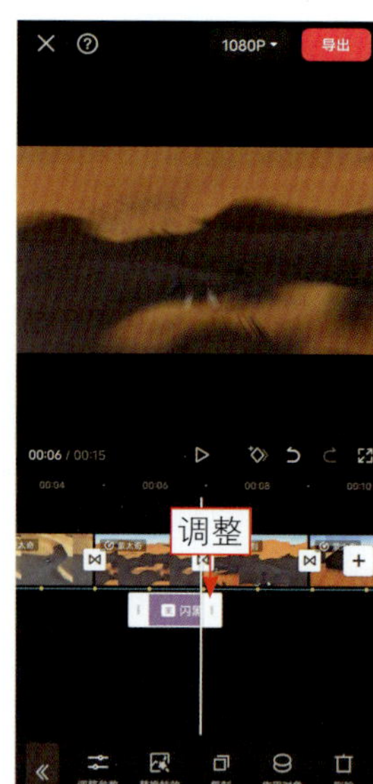

图 11-79　调整特效的时长

11.3.4　为沙漠视频素材进行调色

扫码看教学视频

针对多段素材的调色，可以使用“全局应用”按钮，进行统一调色，也可以选择单独的视频，在“调节”选项卡中进行精准调色。下面介绍为沙漠视频素材进行调色的操作方法。

步骤 01 ①选择第2段视频素材；②点击“滤镜”按钮，如图11-80所示。

步骤 02 进入“滤镜”选项卡，①在“精选”选项卡中选择“鲜明”滤镜；②点击“全局应用”按钮，把滤镜效果应用到所有的视频素材中；③点击☑按钮，如图11-81所示。

步骤 03 ①选择第7段视频素材；②点击“调节”按钮，如图11-82所示。

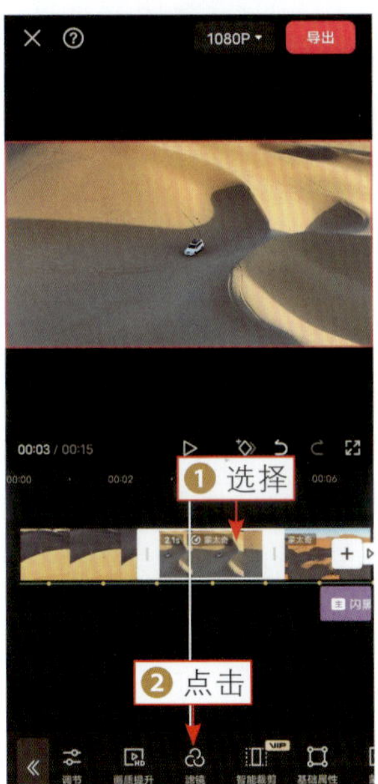

图 11-80　点击“滤镜”按钮

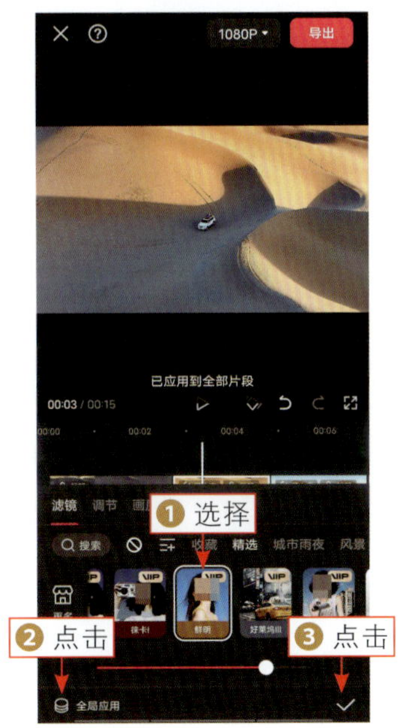

图 11-81　点击相应按钮

图 11-82　点击“调节”按钮

步骤 04 ①选择“色温”选项；②设置参数值为29，让沙漠画面偏暖色，增强冷暖色对比，如图11-83所示。

步骤 05 ①选择第6段视频素材；②设置“色温”参数为50，让沙漠偏橙黄色，如图11-84所示。

步骤 06 ①选择第1段视频素材；②设置“色温”参数为31，让沙漠更黄一些，如图11-85所示。

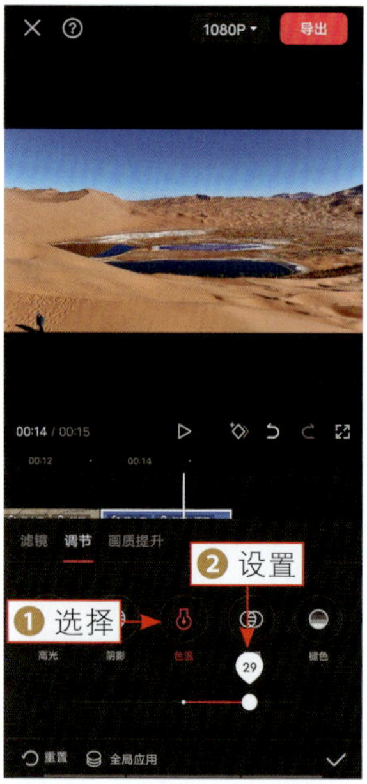

图 11-83　设置“色温”参数（1）

图 11-84　设置“色温”参数（2）

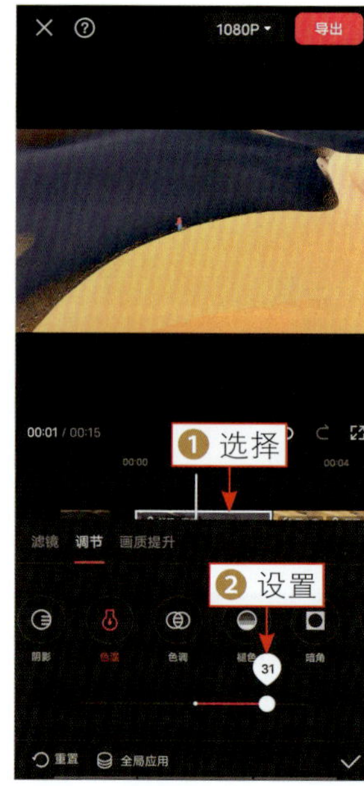

图 11-85　设置“色温”参数（3）

11.3.5　添加片头标题文字和贴纸

扫码看教学视频

一个精彩的片头可以吸引用户，使其对视频产生兴趣。添加合适的文字还能介绍视频主题，让观众把握视频的精华要点；添加贴纸则可以增加画面的趣味性。下面介绍添加片头标题文字和贴纸的操作方法。

步骤 01 在视频的起始位置依次点击“文字”按钮和“新建文本”按钮，如图11-86所示。

步骤 02 ❶输入标题文字内容；❷在“热门”选项卡中选择合适的字体，如图11-87所示。

步骤 03 ❶切换至“样式”选项卡；❷选择黑色色块；❸调整文字的大小和位置，使其处于画面的右下角，如图11-88所示。

步骤 04 ❶切换至“动画”选项卡；❷选择“甩出”入场动画，如图11-89所示。

步骤 05 ❶切换至“出场”选项卡；❷选择“螺旋下降”动画；❸点击✓按钮，如图11-90所示。

步骤 06 ❶调整文字的时长，使其与第1段素材的末尾位置对齐；❷在入场动画结束的位置点击“添加贴纸”按钮，如图11-91所示。

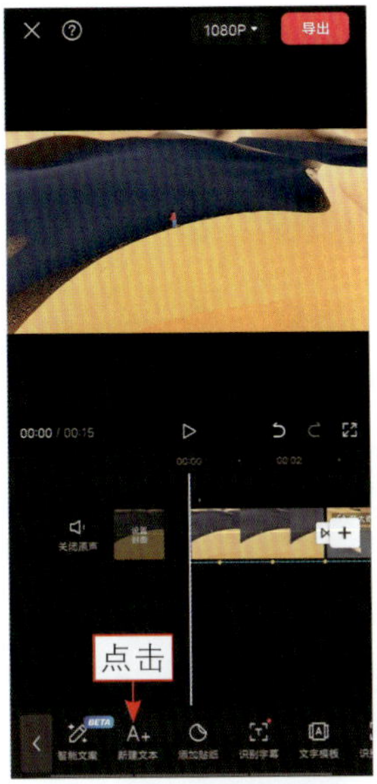

图 11-86　点击“新建文本”按钮

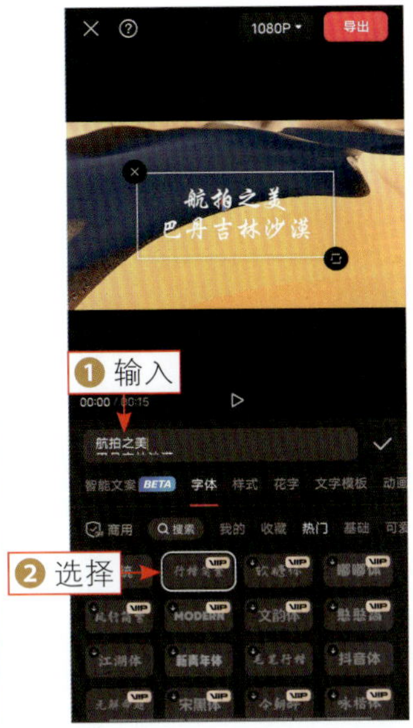

图 11-87　选择字体

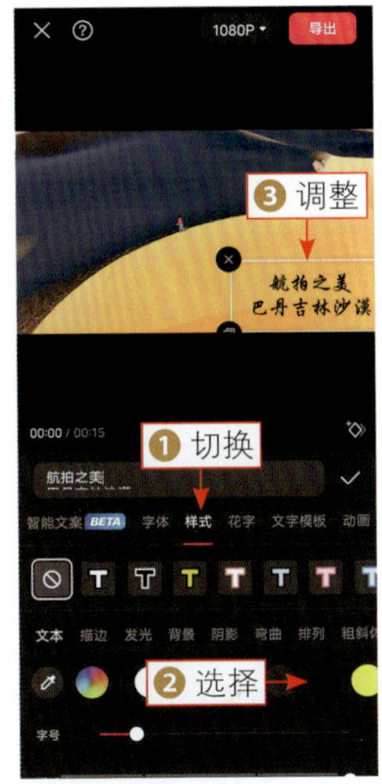

图 11-88　调整文字的大小和位置

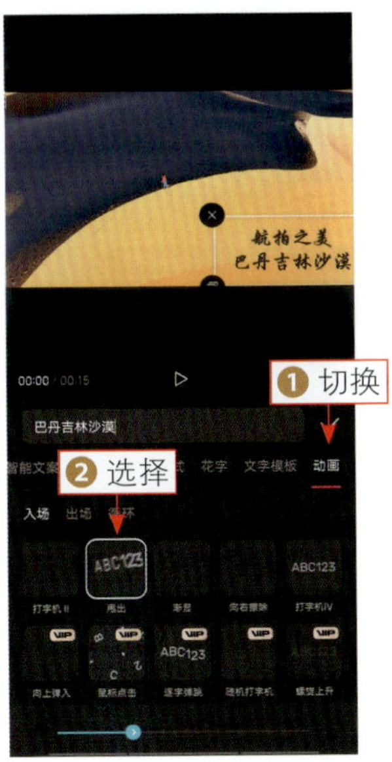

图 11-89　选择“甩出”入场动画

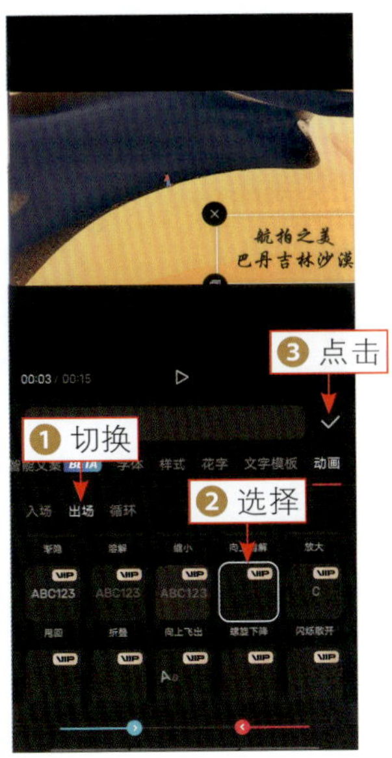

图 11-90　点击相应的按钮（1）

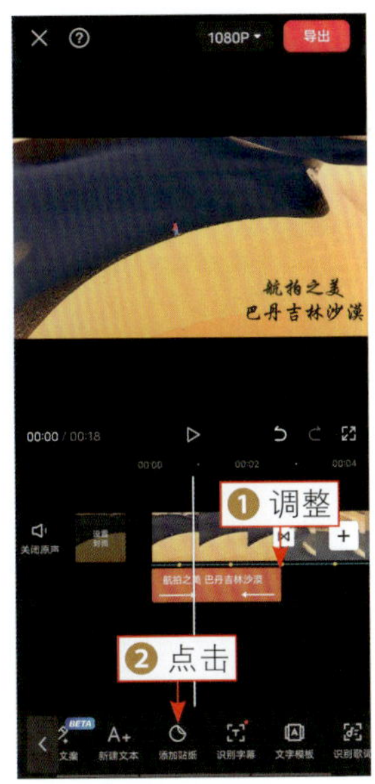

图 11-91　点击“添加贴纸”按钮

步骤 07 ❶在搜索栏中输入并搜索“飞机”；❷在搜索结果中选择一款贴纸；❸调整贴纸的大小和位置；❹点击“取消”按钮，如图11-92所示。

步骤 08 ❶调整贴纸的显示时长，使其末尾位置与第1段视频素材的末尾位置对齐；❷点击“动画”按钮，如图11-93所示。

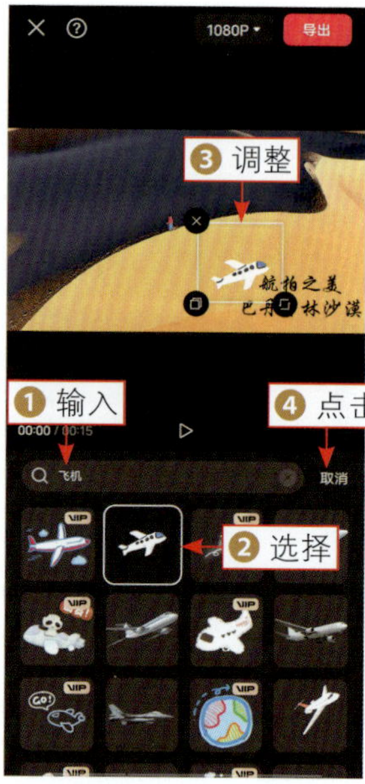

图 11-92　点击“取消”按钮

图 11-93　点击“动画”按钮

步骤 09 在“入场动画”选项卡中选择“向右滑动”动画，如图11-94所示。

步骤 10 ❶切换至“出场动画”选项卡；❷选择“渐隐”动画；❸点击✓按钮，如图11-95所示，让贴纸随文字的变化而变化。

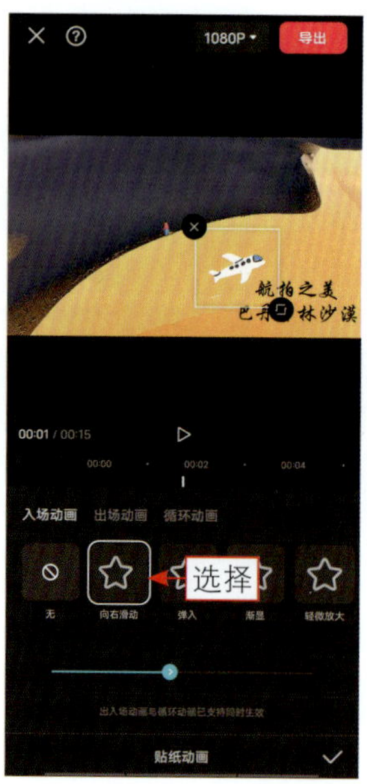

图 11-94　选择“向右滑动”动画

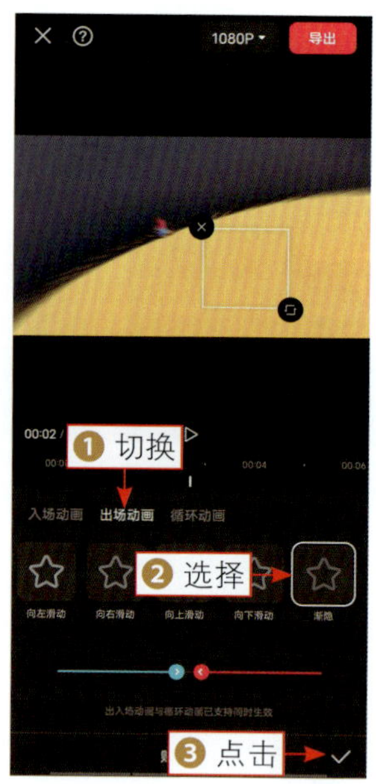

图 11-95　点击相应的按钮（2）

11.3.6　制作求关注片尾视频效果

扫码看教学视频

在视频结束的时候，可以制作求关注片尾效果，展示视频发布者的头像、提示观众关注作者，从而利用视频进行引流。下面介绍制作求关注片尾视频效果的操作方法。

步骤 01 在第7段素材的末尾位置点击 + 按钮，如图11-96所示。

步骤 02 ❶在“照片”选项卡中选择头像素材；❷选中“高清”复选框，如图11-97所示。

步骤 03 ❶切换至“素材库”选项卡；❷在“热门”选项卡中选择黑场素材；❸点击“添加”按钮，如图11-98所示。

图 11-96　点击相应的按钮（1）

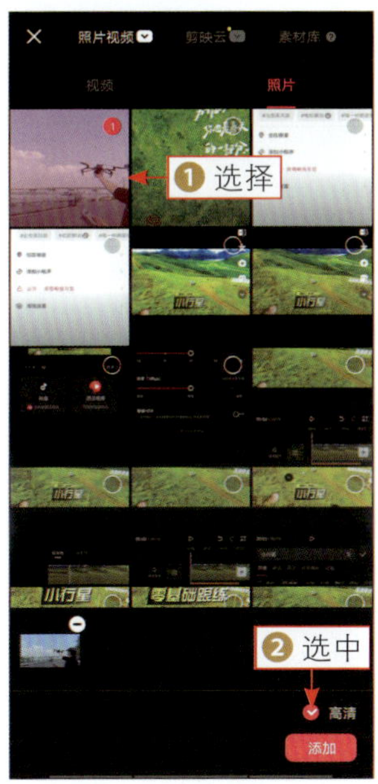

图 11-97　选中“高清”复选框

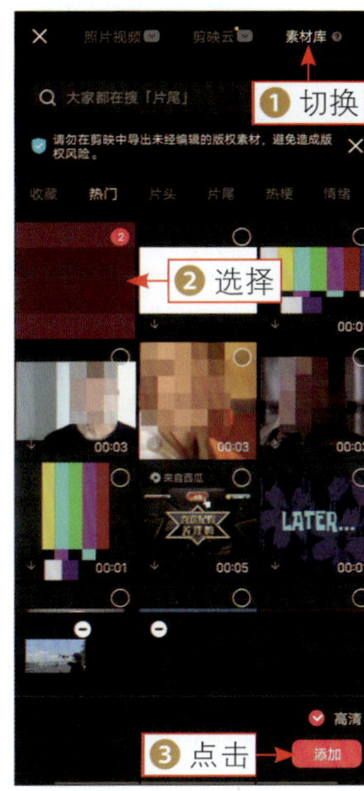

图 11-98　点击“添加”按钮

步骤 04 ❶选择头像素材；❷点击“切画中画”按钮，如图11-99所示。

步骤 05 把素材切换至画中画轨道中，在头像素材的起始位置点击“新增画中画”按钮，如图11-100所示。

步骤 06 ❶在“视频”选项卡中选择片尾绿幕素材；❷选中“高清”复选框；❸点击“添加”按钮，如图11-101所示。

步骤 07 ❶调整绿幕素材的画面大小；❷点击“抠像”按钮，如图11-102所示。

步骤 08 在弹出的工具栏中点击“色度抠图”按钮，如图11-103所示。

步骤 09 拖曳取色器圆环，在画面中取样绿幕的颜色，如图11-104所示。

图 11-99　点击“切画中画”按钮

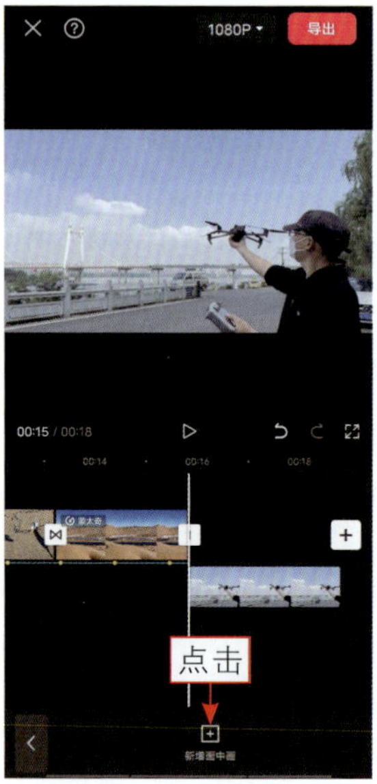

图 11-100　点击相应的按钮（2）

图 11-101　点击“添加”按钮

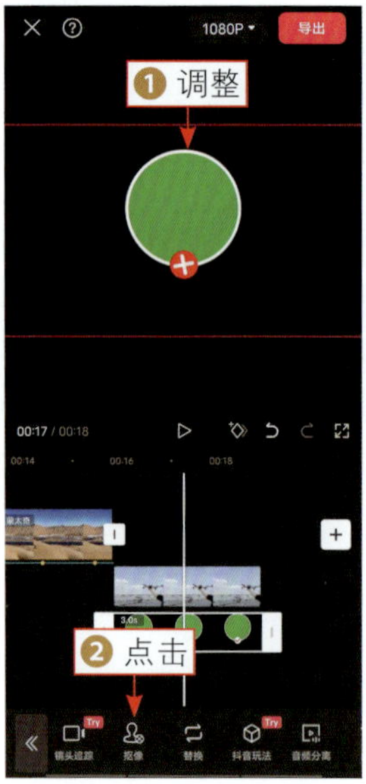

图 11-102　点击“抠像”按钮

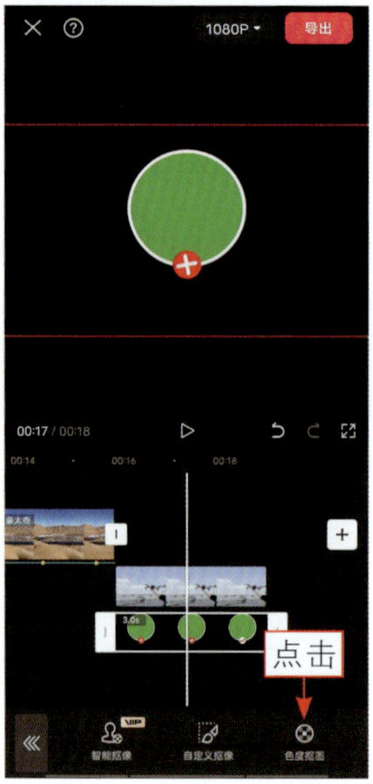

图 11-103　点击“色度抠图”按钮

图 11-104　取样绿幕的颜色

步骤 10 ❶设置“强度”参数为100，扣除绿幕；❷设置“阴影”参数为50，增加边缘阴影；❸点击✓按钮，如图11-105所示。

步骤 11 ❶选择头像素材；❷调整其大小和位置，让人物居中，如图11-106所示。

图 11-105　点击相应的按钮（3）

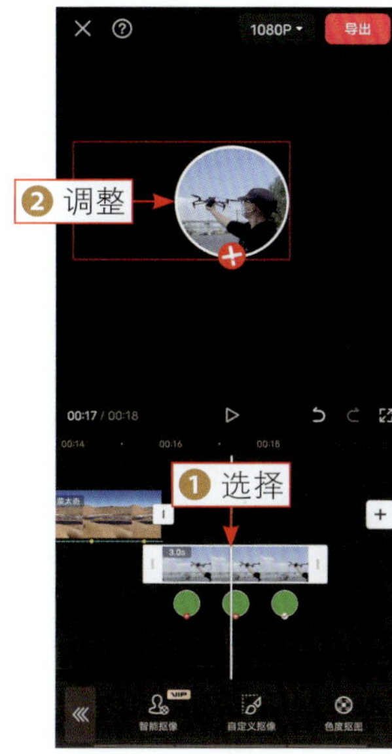

图 11-106　调整头像素材的大小和位置

步骤 12 在黑场素材的起始位置依次点击“文字”按钮和“文字模板”按钮，如图11-107所示。

步骤 13 ❶切换至“互动引导”选项卡；❷选择一款文字模板；❸调整文字的大小和位置，如图11-108所示，引导观众在看完视频之后关注视频发布者。

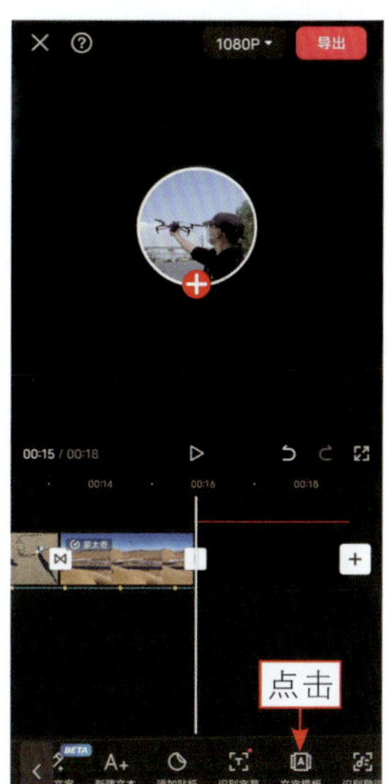

图 11-107　点击“文字模板”按钮

图 11-108　调整文字的大小和位置